高等学校土木工程专业"十四五"系列规划教材·应用型

结构设计软件应用
——PKPM
（第 3 版）

主　编	陈占锋　向　娟
副主编	王肖巍　李晓芳　吴　桢
主　审	蒋青青　唐　振

WUHAN UNIVERSITY PRESS
武汉大学出版社

图书在版编目(CIP)数据

结构设计软件应用:PKPM/陈占锋,向娟主编. —3 版. —武汉:武汉大学出版社,2023.3(2025.1 重印)
高等学校土木工程专业"十四五"系列规划教材. 应用型
ISBN 978-7-307-23545-8

Ⅰ. 结⋯ Ⅱ. ①陈⋯ ②向⋯ Ⅲ. 建筑结构—计算机辅助设计—应用软件—高等学校—教材 Ⅳ. TU311.41

中国国家版本馆 CIP 数据核字(2023)第 014409 号

责任编辑:邓 瑶 章海露   责任校对:路亚妮   装帧设计:吴 极

出版发行:**武汉大学出版社** (430072 武昌 珞珈山)
(电子邮箱:whu_publish@163.com)
印刷:武汉雅美高印刷有限公司
开本:850×1168 1/16 印张:10.5 字数:282 千字
版次:2014 年 8 月第 1 版   2017 年 8 月第 2 版
2023 年 3 月第 3 版   2025 年 1 月第 3 版第 2 次印刷
ISBN 978-7-307-23545-8   定价:43.00 元

特别提示

　　教学实践表明,有效地利用数字化教学资源,对于学生学习能力以及问题意识的培养乃至怀疑精神的塑造具有重要意义。

　　通过对数字化教学资源的选取与利用,学生的学习从以教师主讲的单向指导模式转变为建设性、发现性的学习,从被动学习转变为主动学习,由教师传播知识到学生自己重新创造知识。这无疑是锻炼和提高学生的信息素养的大好机会,也是检验其学习能力、学习收获的最佳方式和途径之一。

　　本系列教材在相关编写人员的配合下,逐步配备基本数字教学资源,主要内容包括:

　　文本:课程重难点、思考题与习题参考答案、知识拓展等。

　　图片:课程教学外观图、原理图、设计图等。

　　视频:课程讲述对象展示视频、模拟动画,课程实验视频,工程实例视频等。

　　音频:课程讲述对象解说音频、录音材料等。

数字资源获取方法:

① 打开微信,点击"扫一扫"。

② 将扫描框对准书中所附的二维码。

③ 扫描完毕,即可查看文件。

更多数字教学资源共享、图书购买及读者互动敬请关注"开动传媒"微信公众号!

前　言

PKPM 系列软件是一套应用广泛的，集建筑、结构、设备、概预算及施工于一体的集成系统软件，采用独特的人机交互输入方式和计算数据自动生成技术，现已成为国内应用最为普遍的 CAD 系统和国内具影响力的结构设计软件。

为了使教学人员和学生能尽快地掌握 PKPM 系列软件的应用技巧，编者根据多年设计经验和软件的应用经验，以实际工程为主线，将专业知识与应用案例结合，循序渐进地对 PKPM 系列软件进行了系统的介绍。本书共 6 章，以 PKPM2021 V1.3 为蓝本，主要内容包括绪论、结构建模、SATWE 结构空间有限元分析设计、砼施工图、基础设计、楼梯设计，并附有实际工程完整的计算书和施工图。

本书由重庆城市科技学院陈占锋、向娟担任主编，重庆城市科技学院王肖巍、安徽文达信息工程学院李晓芳、安徽工程大学吴桢担任副主编。全书由陈占锋统稿。

具体编写分工如下：

重庆城市科技学院陈占锋（第 1 章、第 2 章、附录 2、附录 4）；

重庆城市科技学院向娟（第 3 章、附录 1）；

重庆城市科技学院王肖巍（第 4 章、附录 4）；

安徽文达信息工程学院李晓芳（第 5 章）；

安徽工程大学吴桢（第 6 章、附录 3）。

中南大学教授蒋青青、中冶长天国际工程有限责任公司工程师唐振担任本书主审，并对本书的编写提出许多宝贵的意见，特致谢意。

本书语言简练、内容完整、实用性强、实例丰富、特点明显，适合本科和大专院校土木工程专业学生、建筑结构设计人员及 PKPM 软件的初学者参考使用。

由于编者水平有限，书中难免存在遗漏或不足之处，恳请广大读者提出宝贵意见，编者不胜感激。

编　者

2022 年 7 月

目　录

1 绪 论

【内容提要】
　　本章主要内容包括结构设计的基本条件和内容、结构设计软件、PKPM 的主要设计步骤,以及本课程特点与学习方法。
【能力要求】
　　通过本章的学习,学生应了解结构设计的规范、规程、标准和图集,结构设计与建筑、设备专业的相互关系,结构设计的内容;了解各种结构设计软件;掌握 PKPM 软件的主要设计步骤;了解本课程的特点与学习方法。

1.1　结构设计的基本条件和内容

1.1.1　结构设计的规范、规程、标准和图集

在进行结构设计时,应该熟悉和掌握的基本规范、规程、标准和图集主要有:

①《建筑结构可靠性设计统一标准》(GB 50068—2018);

②《建筑结构荷载规范》(GB 50009—2012);

③《建筑工程抗震设防分类标准》(GB 50223—2008);

④《混凝土结构设计规范(2015 年版)》(GB 50010—2010);

⑤《建筑抗震设计规范(2016 年版)》(GB 50011—2010);

⑥《高层建筑混凝土结构技术规程》(JGJ 3—2010);

⑦《砌体结构设计规范》(GB 50003—2011);

⑧《砌体结构加固设计规范》(GB 50702—2011);

⑨《钢结构设计标准》(GB 50017—2017);

⑩《钢结构加固设计标准》(GB/T 51367—2019);

⑪《建筑地基基础设计规范》(GB 50007—2011);

⑫《建筑地基处理技术规范》(JGJ 79—2012);

⑬《建筑桩基技术规范》(JGJ 94—2008);

⑭《建筑结构制图标准》(GB/T 50105—2010);

⑮《工程结构设计基本术语标准》(GB/T 50083—2014);

⑯《混凝土结构施工图平面整体表示方法制图规则和构造详图(现浇混凝土框架、剪力墙、梁、板)》(22G101-1);

⑰《混凝土结构施工图平面整体表示方法制图规则和构造详图(现浇混凝土板式楼梯)》(22G101-2);

⑱《混凝土结构施工图平面整体表示方法制图规则和构造详图(独立基础、条形基础、筏形基础、桩基础)》(22G101-3);

⑲《建筑物抗震构造详图(多层和高层钢筋混凝土房屋)》(20G329-1);

⑳《建筑物抗震构造详图(多层砌体房屋和底部框架砌体房屋)》(11G329-2);

㉑《建筑物抗震构造详图(单层工业厂房)》(11G329-3)。

1.1.2　结构设计与建筑专业、设备专业的相互关系

建筑工程设计,离不开建筑、结构、设备三大专业。三个专业的流程次序是:首先,建筑专业应将实施方案图提交给结构专业。然后,结构专业进行详细的结构布置,确定构件几何尺寸后提交给设备专业,此时各专业可同时展开设计。最后,设备专业将沟、槽、管、洞预留位置和重大设备安放位置提供给建筑专业和结构专业,即可完成建筑工程设计任务。

①总平面图。了解项目在总平面图中的位置,确定与地震作用有关的参数,研究地基勘察报告,了解地基情况,为正确地进行地基基础设计与计算做准备。

②建筑平面图。根据每一层的建筑平面图,了解建筑平面尺寸,确定结构模型的轴网尺寸和轴网编号,结合建筑剖面图确定结构的层数、室内轻质隔墙的布置情况、建筑各楼层使用功能及楼梯和电梯的布置。

③建筑立面图。了解复杂建筑物的立面特点、悬挑结构的尺寸与高度。在结构分析时,结合结构相关规范确定计算参数。

④建筑剖面图。了解建筑物的层高、底层层高、标准层层高及结构变化部分的高度等,结合建筑平面图标高确定结构高度及层数。

⑤建筑总说明和建筑详图。了解建筑材料、建筑楼屋面的做法和厚度,以确定结构模型的楼面、屋面荷载和梁间荷载等。

⑥设备专业条件。确定设备用房的位置、荷载及基础情况;确定楼面、墙面、基础所需的预留、预埋条件及相应的补强措施;确定电气专业所需的预留、预埋条件,以及楼板、墙板厚度是否满足预留、预埋的构造要求。

1.1.3　结构设计的依据、要求及内容

(1)结构设计的依据及要求

①设计依据。设计依据主要有自然条件和相关设计规范,包括风荷载、雪荷载、工作所在地区的抗震设防烈度、设计基本地震加速度值、设计地震分组、工程地质和水文地质情况。

②设计要求。根据建筑结构安全等级、使用功能确定使用荷载、结构体系、楼层布置及其对施工的特殊要求。

(2)结构设计的内容

结构设计的内容主要包括合理的体系选型与结构布置、正确的结构计算与内力分析、周密合理的细部设计与构造,具体如下。

①结构方案设计、结构选型、结构荷载计算、数据分析、施工图绘制。

②确定地基基础形式。根据上部结构的形式、受力、地质等确定。

③伸缩缝、沉降缝和防震缝的设置。根据建筑平面尺寸和立面、剖面的情况,按照规范构造要求确定。

④主要结构材料的选用。

⑤节点构造及其他内容。

1.2　结构设计软件

1.2.1　AutoCAD 软件

AutoCAD 是 Autodesk 公司开发的一款自动计算机辅助设计软件,可以用于二维制图和基本三维设计,以及自动制图,因此它广泛应用于土木建筑、装饰装潢、工业制图、工程制图、电子工业、服装加工等领域。

结构设计人员可以利用 PKPM 系列软件进行图纸的绘制,生产"＊.T"文件,直接出图;也可把"＊.T"文件转换成"＊.dwg"文件,在 AutoCAD 软件中直接对图形进行修改出图。

1.2.2　PKPM 软件

PKPM 是一个系列,除了有集建筑、结构、设备(给排水、采暖、通风空调、电气)设计于一体的集成化 CAD 系统以外,目前 PKPM 还有建筑概预算系列软件(钢筋计算、工程量计算、工程计价)、施工系列软件(投标系列、安全计算系列、施工技术系列)、施工企业信息化系统(目前全国很多特级资质的企业都在用 PKPM 的信息化系统)。

PKPM 在国内设计行业占有绝对优势,市场占有率达 90％以上,现已成为国内应用最为普遍的 CAD 系统。它紧跟行业需求和规范更新,不断推陈出新,开发出对行业产生巨大影响的软件产品,使具有国产自主知识产权的软件十几年来一直占据我国结构设计行业应用和技术的主导地位,及时满足了我国建筑行业快速发展的需要,显著提高了设计效率和设计质量。

PKPM 近年来在建筑节能和绿色建筑领域做了多方面拓展,在节能、节水、节地、节材、保护环境方面发挥了重要作用。其开发的建筑节能类设计、鉴定分析软件已推广覆盖全国大部分地区,是应用最早、最广泛的节能设计软件。在规划、节地方面有三维居住区规划设计软件、三维日照分析软件、场地工程和土方计算软件。在环境方面有园林设计软件、风环境计算模拟软件、环境噪声计算分析系统,还有中国古典建筑设计软件、三维建筑造型大师软件、建筑装修设计软件。

1.2.3　其他常用的建筑结构设计软件

(1)广厦建筑结构设计 CAD

广厦建筑结构设计 CAD 由深圳市广厦软件有限公司研发,是一个面向工业和民用建筑(混凝土、砖、钢和它们的混合结构)的多高层结构 CAD,支持框架、框剪、筒体、砖混、混合、底框砖混等结构形式,可实现结构建模、结构计算、结构施工图自动生成和基础设计等一体化过程。绘制施工图可采用国标平面表示法和广东梁柱表,自动化完成率达 90％以上。软件开发起点高、适用范围广、实用性强,满足新规范要求,配筋合理,便于施工,图纸表示准确,修改工作量小。应用该软件可缩短设计周期,提高设计质量和设计效率。

(2)理正结构

理正结构设计工具箱软件是由北京理正软件股份有限公司为结构设计人员开发的一套工具箱软件,支持梁、板柱墙、楼梯、砌体、基础、桩基、钢结构、混合结构、特殊结构等计算。理正结构工具箱 V8.5 是目前最新版本,在功能和性能方面较之前都有所优化。

(3)探索者结构

探索者结构由北京探索者软件股份有限公司研发。TSSD 为探索者 TSSD 系列产品的基本模块,也是产品的核心模块,以各种工具为主,其中既有小巧实用的工具,又有大型集成的工具,类型齐全,可以服务于各种行业的结构专业图绘制。在其中配有工程中常见的构件计算,可以边算边画,方便快捷。它的操作方法为用户熟悉的CAD操作模式,简单易学。

(4)天正软件

北京天正软件股份有限公司应用先进的计算机技术,研发了以天正建筑为龙头的包括暖通、给排水、电气、结构、日照、市政道路、市政管线、节能、造价等专业的建筑CAD系列软件。

(5)SAP2000

SAP2000程序是由Edwards Wilson创始的SAP(Structure Analysis Program)系列程序发展而来的。SAP2000三维图形环境中提供了多种建模、分析和设计选项,且完全可以在一个集成的图形界面内实现。

SAP2000是通用的结构分析设计软件,适用范围很广,主要适用于模型比较复杂的结构,如桥梁、体育场、大坝、海洋平台、工业建筑、发电站、输电塔、网架等结构形式,高层民用建筑也能很方便地用SAP2000进行建模、分析和设计。在我国,SAP2000程序也在各高校和工程界得到了广泛的应用,尤其是航空航天、土木建筑、机械制造、船舶工业、兵器以及石油化工等许多部门都大量使用SAP2000程序。

(6)ETABS

ETABS是由美国CSI公司开发研制的房屋建筑结构分析与设计软件,是美国乃至全球公认的高层结构计算程序,在世界范围内应用广泛,是房屋建筑结构分析与设计软件的业界标准。

ETABS除具有一般高层结构计算功能外,还可进行钢结构、钩、顶、弹簧、结构阻尼运动、斜板、变截面梁或腋梁等特殊构件和结构非线性计算(Pushover,Buckling,施工顺序加载等),甚至可以分析结构基础隔震问题,功能非常强大。

(7)3D3S

3D3S钢结构-空间结构设计软件是同济大学独立开发的CAD软件系列,同济大学拥有自主知识产权。该软件在钢结构和空间结构设计领域具有独创性,填补了国内该类结构工具软件的一个空白,基本覆盖了各大钢结构设计单位和钢结构企业。

(8)MIDAS

MIDAS(迈达斯)是一种有关结构设计的有限元分析软件,分为建筑领域、桥梁领域、岩土领域、仿真领域四个大类,具体包含MIDAS/Building、MIDAS/Gen、MIDAS/Civil、MIDAS/GTS、MIDAS/FX+、MIDAS/NFX等。

MIDAS/Civil针对土木结构进行分析,特别是分析预应力箱型桥梁、悬索桥、斜拉桥等特殊的桥梁结构形式,同时可以做非线性边界分析、水化热分析、材料非线性分析、静力弹塑性分析、动力弹塑性分析。

(9)ANSYS

ANSYS软件是融结构、流体、电场、磁场、声场分析于一体的大型通用有限元分析软件。它由世界上最大的有限元分析软件公司之一——美国ANSYS开发,能与多数CAD软件对接,实现数据的共享和交换,如Creo、NASTRAN、Alogor、I-DEAS、AutoCAD等,是现代产品设计中高级CAE工具之一。

1.3 PKPM 的主要设计步骤

1.3.1 输入模型和荷载

在结构建模模块中完成结构的整体模型和荷载的输入,如图 1-1 所示。模型的准确性是基础,在后面的章节中将会进行详细介绍。

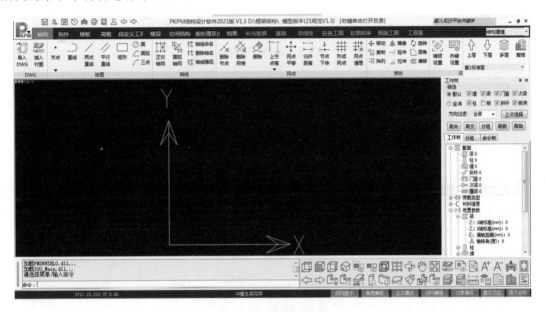

图 1-1 结构建模菜单

1.3.2 计算和分析结构内力

计算和分析结构内力,需进入 SATWE 分析设计模块,如图 1-2 所示;SATWE 计算结果菜单如图 1-3 所示。

图 1-2 SATWE 分析设计

图 1-3 SATWE 结果查看

1.3.3 施工图设计

施工图设计在砼施工图模块完成,模板菜单如图 1-4 所示;梁施工图菜单如图 1-5 所示;柱施工图菜单如图 1-6 所示;板施工图菜单如图 1-7 所示;墙施工图菜单如图 1-8 所示。

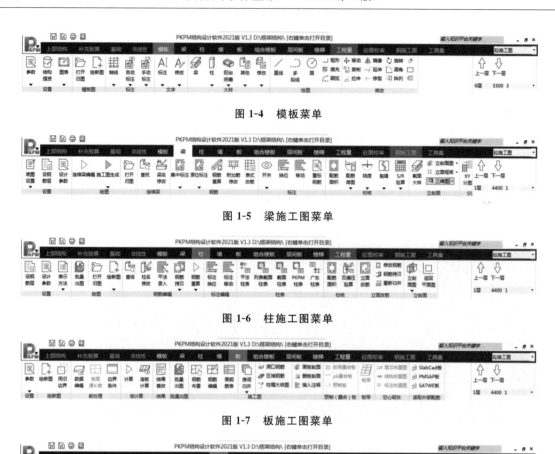

图 1-4   模板菜单

图 1-5   梁施工图菜单

图 1-6   柱施工图菜单

图 1-7   板施工图菜单

图 1-8   墙施工图菜单

1.3.4　基础设计

进入基础设计模块,基础模型菜单如图 1-9 所示;基础分析与设计菜单如图 1-10 所示;基础计算结果查看菜单如图 1-11 所示;基础施工图菜单如图 1-12 所示。

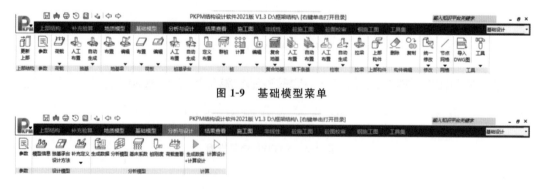

图 1-9   基础模型菜单

图 1-10   基础分析与设计菜单

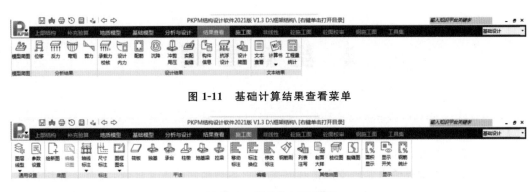

图 1-11 基础计算结果查看菜单

图 1-12 基础施工图菜单

1.4 本课程特点与学习方法

本课程属于实用性较强的专业课程,是土木工程专业的一门重要课程,主要介绍 PKPM 软件结构设计的基本知识,课程的知识范围广、实践性强。掌握本课程,可为毕业设计及以后从事结构工程设计打下良好的基础。因此,学好本课程具有现实且深远的意义。在学习的过程中应注意以下几点:

①要掌握用 PKPM 软件进行结构设计的操作流程和步骤,能对计算结构进行分析和判断,并能够对结构设计进行深化优化,因此对房屋建筑学、制图、力学、混凝土、抗震、高层和地基基础等知识内容有较高的要求。

②应注意现场参观,了解实际工程,积累感性认识,进一步理解实际结构和结构模型之间的关系。

③软件是结构设计的必备工具,应多动手操作,熟练流程,注重理论和实践的结合。在学习过程中,参照实际工程项目的设计要求,以实际数据为依据对自身所做项目的设计参数进行选取,如对结构的抗震等级、结构体系的部署方式、不一样用途的房间的活荷载、构件的截面尺寸、材料的强度等级、钢筋的强度等级和采用的直径等的选取。并采用正确的检查方法以验证结构设计信息、计算信息等输入的正确性。

④PKPM 软件与我国的设计规范密切相关,注意熟悉结构设计相关的各种规范、规程和图集等,避免在绘制结构施工图时出现不规范绘图的情况。

2 结构建模

【内容提要】

　　本章主要内容包括轴线输入、网格生成、楼层定义、荷载输入、设计参数设置、楼层组装等。本章教学内容的重点是楼层定义中各种构件的布置过程,楼面恒荷载、活荷载的输入与布置,以及各构件荷载的输入。本章教学内容的难点是设计参数的正确设置。

【能力要求】

　　通过本章的学习,学生应熟练掌握结构建模设计软件的建模流程,初步了解结构设计的步骤,理解由建筑平面图到结构平面图的识图、看图、建模过程。

　　结构建模是 PKPM 软件的基本组成模块之一,采用人机交互方式,进行结构基本建模计算数据的输入,引导用户逐层地布置各层平面和各层楼面。其具有较强的荷载统计和传导计算功能,除计算结构自重外,还可自动完成从楼板到次梁,从次梁到主梁,从主梁到承重柱墙,最后从上部结构到基础的荷载传导的全部计算。结构建模可方便地建立整栋建筑的数据结构模型。

　　结构建模是 PKPM 结构设计软件的核心,为功能设计提供数据接口。完成结构建模的建筑模型与荷载输入、结构楼面信息布置、楼面荷载传导计算操作后就可以进入其他模块进行结构分析和计算。

2.1 结构建模概述

2.1.1 结构建模的适用范围和技术参数要求

　　结构建模的适用范围广泛,结构平面形式任意,平面网格可以正交,也可斜交成复杂体型平面,并可处理弧形墙、弧形梁、圆柱、各类偏心、转角等。相关技术参数要求如下:

①层数 ≤190。

②标准层 ≤190。

③正交网格时,横向网格、纵向网格数 ≤100;

斜交网格时,网格线条数 ≤5000;

用户命名的轴线总条数 ≤5000;

④节点总数 ≤8000。

⑤标准柱截面 ≤300;

标准梁截面 ≤300;

标准墙体洞口 ≤240;

标准楼板洞口 ≤80;

标准墙截面 ≤80;

标准斜杆截面 ≤200;

标准荷载定义	≤6000。
⑥每层柱根数	≤3000;
每层梁根数(不包括次梁)	≤8000;
每层圈梁根数	≤8000;
每层墙面数	≤2500;
每层房间总个数	≤3600;
每层次梁总根数	≤1200;
每个房间周围最多可以容纳的梁墙数	<150;
每节点周围不重叠的梁墙根数	≤6;
每层房间次梁布置种类数	≤40;
每层房间预制板布置种类数	≤40;
每层房间楼板开洞种类数	≤40;
每个房间楼板开洞个数	≤7;
每个房间次梁布置根数	≤16;
每层层内斜杆布置根数	≤2000;
全楼空间斜杆布置根数	≤3000。

⑦两节点之间最多安置一个洞口。需安置两个洞口时,应在两洞口间增设一网格线与节点。

⑧结构平面上的房间的编号是由软件自动生成的,软件将由墙或梁围成的一个个平面闭合体自动编成房间,房间用来作为输入楼面上的次梁、预制板、洞口和导荷载,以及画图的一个基本单元。

⑨次梁是指在房间内布置且在执行结构建模主菜单 1 的"次梁布置"时输入的梁,不论在矩形房间或非矩形房间均可输入次梁。次梁布置时不需要网格线,次梁和主梁、墙相交处也不产生节点。若房间内的梁在主菜单 1 的"主梁布置"时输入,程序则会将该梁当作主梁处理。用户在操作时把一般的次梁放在"次梁布置"时输入的好处是:可避免过多的无柱连接点,避免这些点将主梁分隔过细,或造成梁根数和节点个数过多而超界,或造成每层房间数量超过 3600 而使程序无法运行。当工程规模较大而导致节点、杆件或房间数超界时,把主梁当作次梁输入可有效地大幅度减少节点、杆件或房间的数量。对于弧形梁,因目前程序无法输入弧形次梁,可把它作为主梁输入。

⑩这里输入的墙应是结构承重墙或抗侧力墙,框架填充墙不应作为墙输入,它的重量可作为外加荷载输入,否则不能形成框架荷载。

⑪平面布置时,应避免大房间内套小房间的布置,否则会在荷载导算或统计材料时重叠计算,可在大小房间之间用虚梁(虚梁是截面为 100mm×100mm 的梁)连接,将大房间切割成多个小房间。

2.1.2 结构建模的操作步骤

结构建模的具体操作步骤如下:
①建筑模型与荷载输入;
②平面荷载显示校核;
③画结构平面图;
④形成 PK 文件;
⑤绘制结构三维线框透视图;

⑥AutoCAD平面图向建筑模型转化；

⑦图形编辑、打印及转换。

2.2 模型建立

模型的建立是结构计算分析以及施工图绘制的前提和基础,模型建立的正确性,以及荷载的输入与传导,直接影响后面的计算分析,因此模型的建立是重点。下面我们以简单的框架结构为例,讲解软件的操作流程。

2.2.1 工程概况

某工程为6层钢筋混凝土框架结构,7度(0.1g)抗震设防,抗震等级为三级,楼面层恒荷载为4.5kN/m²,活荷载为2.0kN/m²,屋面层恒荷载为6.0kN/m²,活荷载为0.5kN/m²,基本风压为0.4kN/m²,底层层高3.6m,其余各楼层层高3.3m。柱截面为500mm×500mm,梁截面为300mm×600mm和300mm×500mm。框架梁纵向钢筋和箍筋均选用HRB400级钢筋,框架柱纵向钢筋和箍筋均选用HRB400级钢筋,混凝土强度等级为C30。基础采用柱下独立基础,基础钢筋选用HRB400级钢筋,混凝土强度等级为C30。墙体材料采用混凝土砌块,容重为11.8kN/m³,厚度200mm。建筑平面图如图2-1~图2-4所示,结构平面图和框架轴测图如图2-5和图2-6所示。

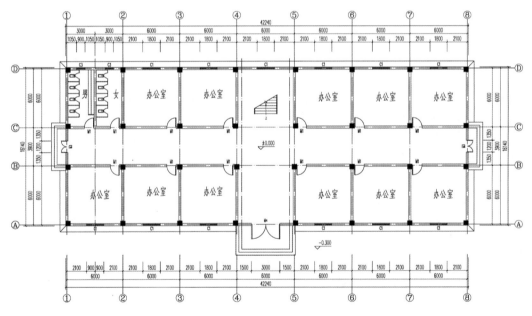

图2-1 第1层平面图(尺寸单位:mm;标高单位:m)

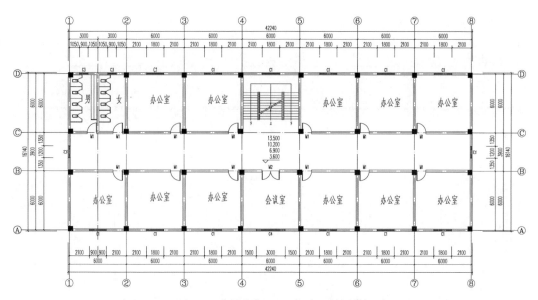

图 2-2　第 2 至 5 层平面图(尺寸单位:mm;标高单位:m)

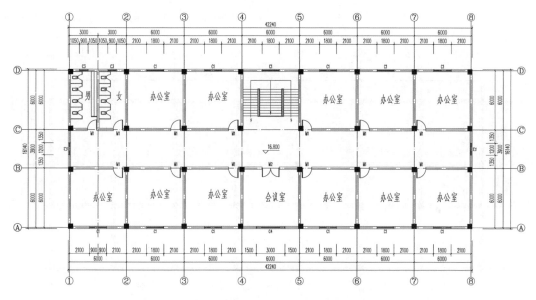

图 2-3　第 6 层平面图(尺寸单位:mm;标高单位:m)

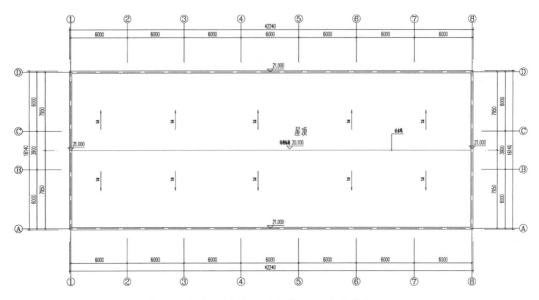

图 2-4　屋顶平面图(尺寸单位:mm;标高单位:m)

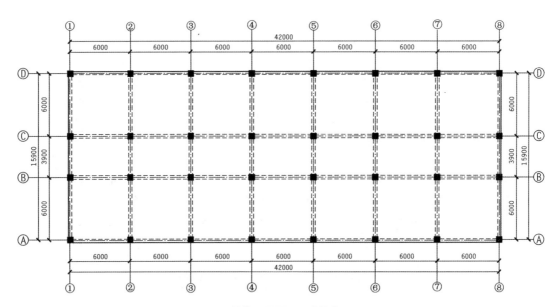

图 2-5　结构平面图(尺寸单位:mm)

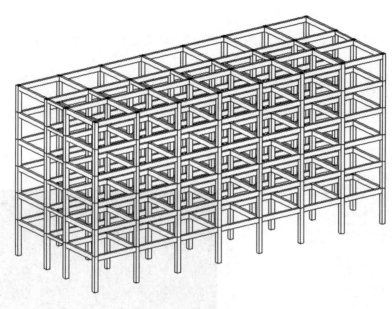

图 2-6　框架轴测图

2.2.2　新工程建立

（1）启动 PKPM 程序

双击桌面上的 PKPM 图标，启动 PKPM 主菜单。

在菜单的专项主页上选择"结构"主页，显示 PKPM 软件主界面，如图 2-7 所示。

图 2-7　PKPM"结构"主页

(2)创建新目录

在 D 盘新建文件夹,并将其命名为"框架结构"。单击结构建模中的图标 新建/打开 或者

,选择工作目录,如图 2-8 所示。可以新建工作目录,也可以直接读取已建立好的目录名。

注意:每做一项新的工程,都应建立一个新的子目录,并在新的子目录中进行操作,避免不同工程之间的数据混淆。

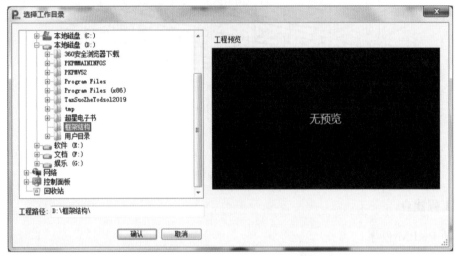

图 2-8 "选择工作目录"对话框

(3)启动建模程序

在主界面上双击已选择的工作目录"框架结构"字样或图标,进入建立模型状态。

(4)输入新工程名

对于新建工程,需输入该工程的名称。在弹出的"交互式数据输入"对话框(图 2-9)中,输入工程名"框架"或字母"KJ"(大小写均可),单击"确定",启动建模程序。

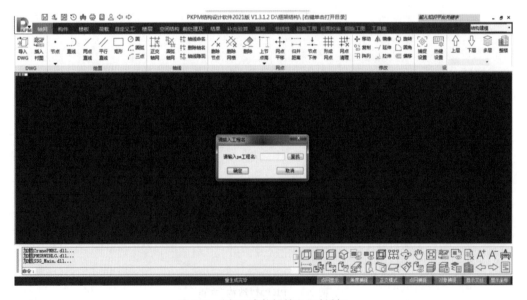

图 2-9 "交互式数据输入"对话框

注意:工程名不应超过 **80** 个英文字符或 **40** 个中文字符,且不能有特殊字符。

进入人机交互界面,如图 2-10 所示。

注意:在结构建模软件主菜单中输入的尺寸单位全部为毫米(**mm**)。

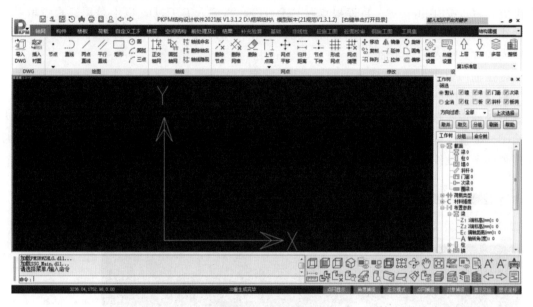

图 2-10 人机交互界面

2.2.3 轴线输入

(1)正交轴网输入

在"轴网"菜单下的"轴线"项中,单击"正交轴网",在弹出的直线轴网输入对话框中输入正交轴网参数:

双击"常用值"中的数字,或用键盘输入数值,在"下开间"一栏中输入"6000 * 7",在"左进深"一栏中输入"6000,3900,6000",其他参数都取默认值,单击"确定",如图 2-11 所示。

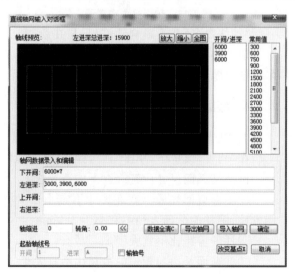

图 2-11 直线轴网输入对话框

（2）轴线命名

在"轴网"菜单下的"轴线"项中,单击"轴线命名",界面下方提示:"轴线名输入:请用光标选择轴线([Tab]成批输入)"。用光标点取 A 轴线,界面下方提示:"轴线选中,输入轴线名",输入 A(注意字母应大写),按"Enter"键。再逐根点取 B、C、D 轴线,输入 B、C、D。以上是用逐根点取的方式输入轴线名的步骤,适合轴线较少的情况,当轴线比较多的时候可采用成批输入的方式。下面采用成批输入的方式输入①～⑧轴。

按键盘上"Tab"键,选择"成批轴线命名"。界面下方提示:"移光标点取起始轴线",点取起始轴线①轴,提示:"移光标去掉不标注的轴线([Esc]没有)",①～⑧轴没有不需要命名的轴线。单击鼠标右键或按键盘上的"Esc"键,提示:"输入起始轴线名",输入 1,表示起始轴线从 1 开始,程序自动给①～⑧轴线标注轴线名,如图 2-12 所示。成批输入方式适用于快速命名一批按数字或字母顺序排列的平行轴线。

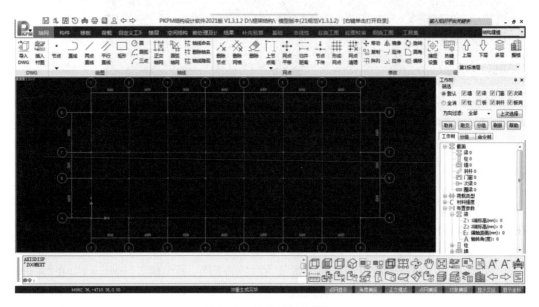

图 2-12 轴网平面布置图

"轴线命名"并不影响计算,只是在绘制施工图时可自动标注轴线,对复杂的结构模型,可不执行"轴线命名"。单击"轴线隐现",可将已命名的轴线隐藏,再次单击,隐藏的轴线又可显示出来。

2.2.4 楼层定义

（1）柱布置

在"构件"菜单下,单击"柱",弹出"柱布置"对话框,如图 2-13 所示。

框架柱截面尺寸应符合以下构造要求:

①矩形截面柱最小截面尺寸不宜小于 300mm×300mm,应尽量采用方柱;圆柱的截面直径不宜小于 350mm。

②柱的剪跨比不宜大于 2。

③柱截面长边与短边的边长比不宜大于 3。

柱截面尺寸估算,要同时满足最小截面尺寸、侧移限值和轴压比等诸多要求,一般可通过满足轴压比限值进行柱截面尺寸的估算。

图 2-13 "柱布置"对话框

一、二、三、四级抗震等级的各类结构的框架柱、框支柱,其轴压比不宜大于表 2-1 的规定。

表 2-1 柱轴压比限值 μ_N

结构体系	抗震等级			
	一级	二级	三级	四级
框架结构	0.65	0.75	0.85	0.90
框架-剪力墙结构、筒体结构	0.75	0.85	0.90	0.95
部分框支剪力墙结构	0.60	0.70	—	—

注:轴压比指地震作用组合下柱的轴向压力设计值与柱的全截面面积和混凝土轴心抗压强度设计值乘积的比值。

柱轴向压力设计值可初步按下式估算:

$$\frac{N}{f_c A_c} \leq [\mu_N] \tag{2-1}$$

$$N = \beta S g n \tag{2-2}$$

式中　N——地震作用组合下柱的轴向压力设计值;

　　　f_c——混凝土轴心抗压强度设计值,见表 2-2;

　　　A_c——柱截面面积;

　　　β——考虑地震作用组合后柱的轴向压力增大系数,边柱取 1.3,中柱等跨度取 1.2,中柱不等跨度取 1.25;

　　　S——按简支状态计算的柱的负荷面积;

　　　g——单位建筑面积上的重力荷载代表值,可近似取 12~15kN/m²;

　　　n——楼层层数。

表 2-2 混凝土轴心抗压强度设计值 f_c

混凝土强度等级	C15	C20	C25	C30	C35	C40	C45	C50	C55	C60	C65	C70	C75	C80
f_c/(N/mm²)	7.2	9.6	11.9	14.3	16.7	19.1	21.1	23.1	25.3	27.5	29.7	31.8	33.8	35.9

边柱轴力

$$N = \beta S g n = 1.3 \times \left(6 \times \frac{6}{2}\right) \times 13 \times 6 = 1825(\text{kN})$$

中柱轴力

$$N = \beta S g n = 1.25 \times \left[6 \times \left(\frac{6}{2} + \frac{3.9}{2}\right)\right] \times 13 \times 6 = 2896(\text{kN})$$

由表 2-1 可知,框架结构抗震等级三级,柱轴压比限值 $\mu_N = 0.85$;由表 2-2 可知 C30 混凝土轴心抗压强度设计值 $f_c = 14.3\text{N/mm}^2$。由式(2-1)可得 $A_c \geq \dfrac{N}{[\mu_N] \cdot f_c} = \dfrac{2896 \times 10^3}{0.85 \times 14.3} = 238256(\text{mm}^2)$,柱截面尺寸取方形截面,$b = h = \sqrt{A_c} = \sqrt{238256} = 488(\text{mm})$,取 $b = h = 500\text{mm}$,角柱取 $b = h = 600\text{mm}$。

单击"增加"按钮或者在列表框的空白处双击,弹出"截面参数"对话框,如图 2-14 所示,定义 500mm×500mm 框架柱参数:

材料类别为"6:混凝土";

矩形截面宽度(mm)为"500";

矩形截面高度(mm)为"500"。

单击"确认"。用同样的方法定义 600mm×600mm 框架柱参数。

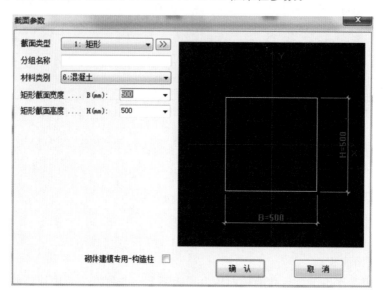

图 2-14 "截面参数"对话框

弹出"柱布置"对话框,如图 2-15 所示,表中显示定义的框架柱,选中列表中定义的柱,将 600mm×600mm 框架柱布置到轴网四个角,其余节点均布置 500mm×500mm 的框架柱,完成的柱子布置如图 2-16 所示。

图 2-15 已定义柱截面列表

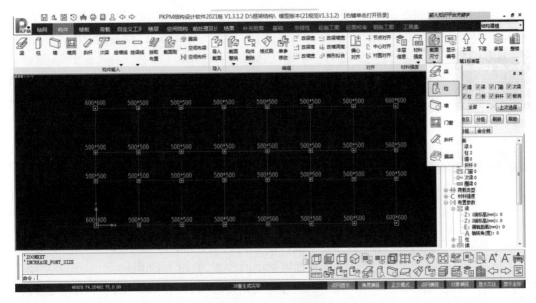

图 2-16 柱子布置图

注意:a. 弹出"柱布置参数"对话框,可以在布置时更改沿轴偏心、偏轴偏心、柱底标高、柱转角等信息。

b. 布置构件有五种方式,分别是点、轴、窗、围、线方式,布置方式可通过键盘上的"Tab"键进行切换,或在对话框中选择,如图 2-17 所示。

c. 如果构件布置错误,可以单击"构件"菜单下的"构件删除"进行删除。

(2)主梁布置

框架梁截面尺寸应符合下列要求:

①截面宽度不宜小于 200mm。

②截面高度与宽度的比值不宜大于 4。

③净跨度与截面高度的比值不宜小于 4。

梁截面高 h 和宽 b 取值可按以下内容进行估算:

①主梁的跨度一般在 5~8m 为宜,梁高 h 可取跨度的 $\frac{1}{15} \sim \frac{1}{10}$,梁高 h 与宽 b 的关系为 $\frac{h}{b} = 2 \sim 3.5$。

次梁的跨度一般为 4~6m,梁高 h 可取跨度的 $\frac{1}{18} \sim \frac{1}{12}$,梁高 h 与宽 b 的关系为 $\frac{h}{b} = 2 \sim 3.5$。

当梁高 $h \leq 800mm$ 时,h 为 50mm 的倍数,如 200mm、250mm、300mm、350mm、…、750mm、800mm 等;当梁高 $h > 800mm$ 时,h 为 100mm 的倍数,如 900mm、1000mm、1100mm、1200mm 等。

②对于图 2-1 中 6m 跨度,梁高 $h = \left(\frac{1}{15} \sim \frac{1}{10}\right) \times 6000mm = 400 \sim 600mm$,取 $h = 600mm$,$b = 300mm$。

3.9m 跨度,梁高 $h = \left(\frac{1}{15} \sim \frac{1}{10}\right) \times 3900mm = 260 \sim 390mm$,取 $h = 500mm$,$b = 300mm$。

③教学楼、住宅等的走廊(走道)的跨度通常比较小,常见跨度有 1.5m、1.8m、2.1m、2.4m、

图 2-17 "柱布置参数"对话框

2.7m、3.0m等,对这些小跨度的梁,梁截面高可取 $h = 350mm$ 或 $h = 400mm$,梁截面宽取 $b = 200mm$。

图 2-18 "梁布置"对话框

在"构件"菜单下,单击"梁",弹出"梁布置"对话框,选择"增加"进行主梁定义,如图 2-18 所示。

定义 300mm×500mm 梁:

材料类别为"6:混凝土";

矩形截面宽度(mm)为"300";

矩形截面高度(mm)为"500"。

定义 300mm×600mm 梁:

材料类别为"6:混凝土";

矩形截面宽度(mm)为"300";

矩形截面高度(mm)为"600"。

选中列表中定义的 300mm × 500mm 梁,将该梁布置到 3900mm 长度网格中的位置,如图 2-19 所示。

选中列表中定义的 300mm×600mm 梁,将该梁布置到剩余的网格中,如图 2-20 所示。

注意:在结构建模中仅布置承重构件,不需要布置非承重构件,如框架填充墙、阳台、雨篷等,但需要折算成荷载输入。

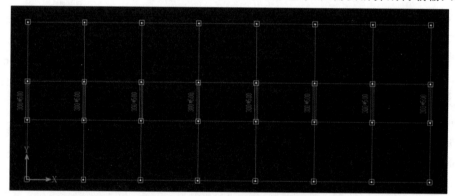

图 2-19 300mm×500mm 梁布置图

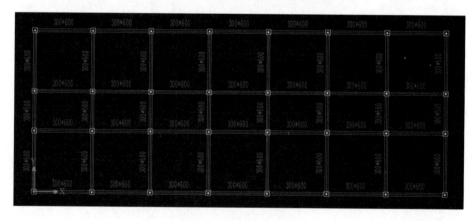

图 2-20 梁平面布置图

（3）次梁布置

PKPM 输入次梁有两种方式：①按"主梁布置"方式输入次梁，实质上是布置截面较小的主梁，即其尺寸为次梁尺寸，在计算分析中为主梁属性，应先布置轴网才能布置梁，且可以布置在任何形状的房间内，布置方向没有限制；②按"次梁布置"方式输入次梁，布置次梁，在计算分析中为次梁属性，不需要布置轴网即可布置梁，但只能布置在形状比较规则的房间内，且要与房间一边平行或垂直。

由于两种次梁计算模型有差异，所有次梁内力计算结果在数值上均有一定的差异，但差距不大。本书中次梁采用"主梁布置"方式输入。

次梁的跨度一般为 4～6m，梁高 h 可取跨度的 $\frac{1}{18}\sim\frac{1}{12}$，梁高 h 与宽 b 的关系为 $\frac{h}{b}=2\sim3$。

当梁高 $h\leqslant800$mm 时，h 为 50mm 的倍数，如 200mm、250mm、300mm、350mm、…、750mm、800mm 等；当梁高 $h>800$mm 时，h 为 100mm 的倍数，如 900mm、1000mm、1100mm、1200mm 等。

对于 6m 跨度，梁高 $h=\left(\frac{1}{18}\sim\frac{1}{12}\right)\times6000\text{mm}=333\sim500\text{mm}$，取 $h=400$mm，$b=200$mm。

在图 2-20 的梁平面布置图中添加网格线，在"轴网"菜单下的"绘图"项中，单击"两点直线"。次梁网格线如图 2-21 所示，新建次梁截面尺寸如图 2-22 所示，最后布置的次梁如图 2-23 所示。

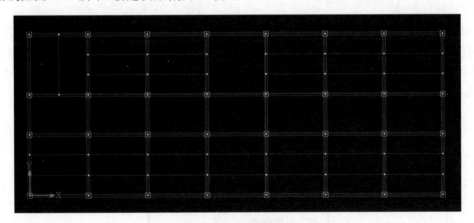

图 2-21 次梁网格线

图 2-22 次梁截面尺寸

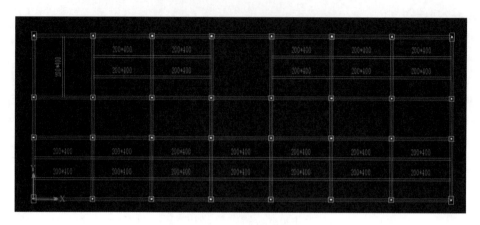

图 2-23 次梁平面布置图

（4）墙布置

结构建模中"墙布置"指的是剪力墙布置,本例框架结构中没有剪力墙,因此不需要执行墙布置,框架结构中填充墙按照梁间荷载考虑,参见"荷载输入/梁墙"。

（5）本层信息修改

在"构件"菜单下单击"本层信息",弹出"标准层信息"对话框,如图 2-24 所示,在该对话框中可以输入板厚、材料强度等级、钢筋(主筋)级别、层高等信息,按工程实际情况修改相应参数信息。本例中板厚修改为 120mm,混凝土强度等级改为 C30,梁主筋级别改为 HRB400,柱主筋级别改为 HRB400,第 1 标准层层高修改为 4400mm。

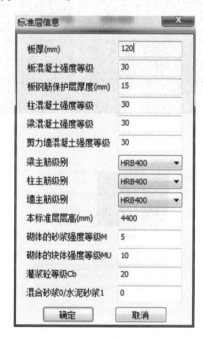

图 2-24 "标准层信息"对话框

注意:a. 对话框必须打开并且单击"确定",否则在数据检查时会因缺少工程信息而出错。

b. 对话框中"本标准层层高"与实际工程中的层高没有关系,可不修改,楼层的层高信息在"楼层"菜单下的"楼层组装"中输入。

（6）构件删除

当构件布置错误时,可单击"构件"菜单下的"构件删除",弹出"构件删除"对话框,如图 2-25 所示。勾选构件类型,点取要删除的构件即可删除。构件类型可多选。

图 2-25 "构件删除"对话框

（7）偏心对齐

可以设置梁和柱的偏心情况。偏心可以通过三种方式设置:①在构件输入的时候输入偏心值;②通过光标右键选择构件属性,输入偏心值;③通过偏心对齐方式,如图 2-26 所示,偏心对齐可批量完成构件的偏心设置。

图 2-26 "偏心对齐"下拉选项

在"偏心对齐"下拉选项中选择"柱与梁齐",可使柱与梁的某一边自动对齐,按轴线或窗口方式选择某一列柱时可使这些柱全部自动与梁对齐,这样在布置柱时不必输入偏心值,省去人工计算偏心的过程。

选择"柱与梁齐",然后选择"边对齐",命令行输入"Y"(此处命令行输入命令,建议将输入法关闭),如图2-27所示。默认对齐方式为"光标方式",可按"Tab"键切换为"轴线方式"或者"窗口方式"。此处以"轴线方式"为例,命令行提示"轴线方式:用光标选择轴线",此时用光标选择B轴线的柱子,点取后,命令行提示"请用光标点取参考梁",点取B轴线任意一根梁,其即为参考梁,然后命令行提示"请用光标指出对齐边方向",点取梁的上边缘,此时B轴线的柱子与所点取参考梁的上边缘对齐。

光标+窗口方式,光标未点中构件自动变窗选([Tab]转换方式,按住[SHIFT]反选,右键确认,[Esc]取消)
COLMDQB
边对齐/中对齐/退出? (Y[Ent]/A[Tab]/N[Esc])

图2-27 命令提示区

按同样的步骤完成①号轴线、④号轴线,A轴线、C轴线和D轴线柱子以及楼梯间柱子的对齐,如图2-28所示。

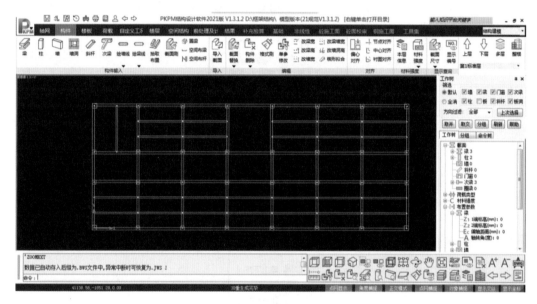

图2-28 柱偏心对齐

(8)楼板生成

在"楼板"菜单下单击"生成楼板",自动生成楼板。单击"修改板厚",将楼梯间板厚修改为0,如图2-29所示。楼梯间不能开洞口,否则无法布置荷载,修改后的楼梯间板厚如图2-30所示。在界面下侧的快捷工具条按钮区,单击"轴测视图"图标 ,平面视图即切换为轴测视图,如图2-31所示。

2.2.5 楼梯布置

在"楼板"菜单下单击"楼梯",选择"布置",光标处于识取状态,程序要求用户选择楼梯所在的矩形房间,当光标移到某一房间时,该房间边界将加亮,提示当前所在房间,单击确认。确认后,程序弹出如图2-32所示的对话框。选择楼梯布置类型后,弹出该类型楼梯的智能设计对话框,对话框右上角为楼梯预览图,修改参数后,预览图随之变动,如图2-33所示。底层楼梯布置设置起始高度,即楼梯从室内±0.000标高开始,故第1标准层楼梯起始高度为800mm(此数据为底层结构层高减去底层建筑层高)。

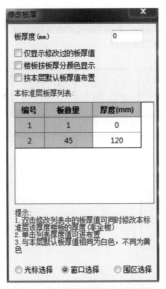

图 2-29 "修改板厚"对话框

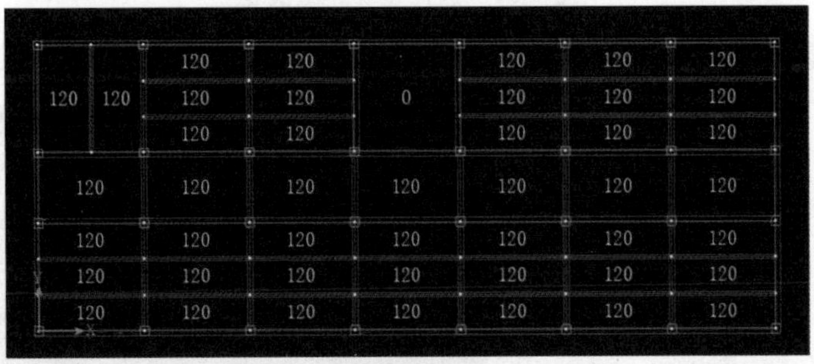

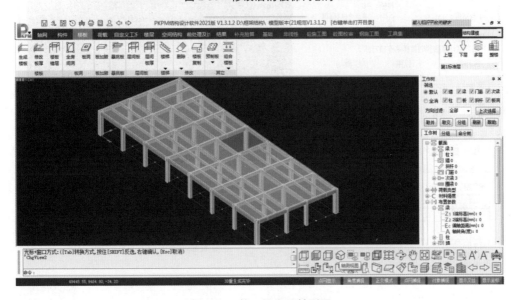

图 2-30 修改后的楼梯间板厚

图 2-31 第 1 标准层轴测图

注意:PKPM 中的层高为结构高度,需与建筑中的高度区别。

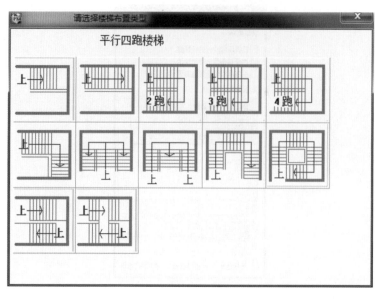

图 2-32　选择楼梯布置类型

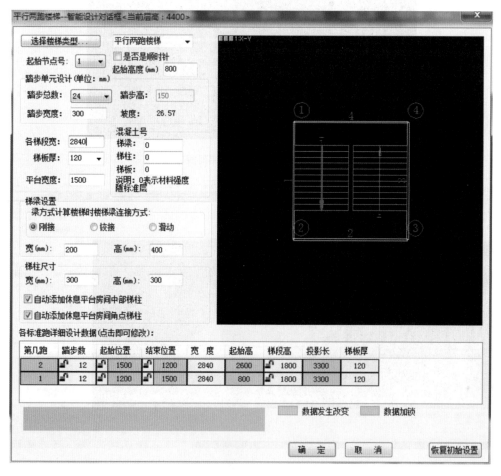

图 2-33　楼梯智能设计对话框

2.2.6 荷载输入

(1)楼板荷载

楼面恒荷载取值：

15mm 厚大理石面层	$0.015 \times 28 = 0.42 (kN/m^2)$
20mm 厚混合砂浆结合层	$0.02 \times 17 = 0.34 (kN/m^2)$
20mm 厚混合砂浆找平层	$0.02 \times 17 = 0.34 (kN/m^2)$
120mm 厚钢筋混凝土现浇板	$0.12 \times 25 = 3.0 (kN/m^2)$
20mm 厚混合砂浆板底抹灰	$0.02 \times 17 = 0.34 (kN/m^2)$
总计	$4.44 (kN/m^2)$
	取 $4.50 (kN/m^2)$

民用建筑楼面均布活荷载的标准值及其组合值系数、频遇值系数和准永久值系数的取值,不应小于表 2-3 的规定。

表 2-3 **民用建筑楼面均布活荷载标准值及其组合值系数、频遇值系数和准永久值系数**

项次	类别	标准值/(kN/m^2)	组合值系数 φ_c	频遇值系数 φ_f	准永久值系数 φ_q
1	住宅、宿舍、旅馆、办公楼、医院病房、托儿所、幼儿园	2.0	0.7	0.5	0.4
	试验室、阅览室、会议室、医院诊所	2.0	0.7	0.6	0.5
2	教室、食堂、餐厅、一般资料档案室	2.5	0.7	0.6	0.5
3	礼堂、剧场、影院、有固定座位的看台	3.0	0.7	0.5	0.3
	公共洗衣房	3.0	0.7	0.5	0.3
4	商店、展览厅、车站、港口、机场大厅及其旅客等候室	3.5	0.7	0.6	0.5
	无固定座位的看台	3.5	0.7	0.5	0.3
5	健身房、演出舞台	4.0	0.7	0.6	0.5
	运动场、舞厅	4.0	0.7	0.6	0.3
6	书库、档案库、贮藏室	5.0	0.9	0.9	0.8
	密集柜书库	12.0	0.9	0.9	0.8
7	通风机房、电梯机房	7.0	0.9	0.9	0.8

续表

项次	类别			标准值/(kN/m²)	组合值系数 φ_c	频遇值系数 φ_f	准永久值系数 φ_q
8	汽车通道及客车停车库	单向板楼盖（板跨不小于 2m）和双向板楼盖（板跨不小于 3m×3m）	客车	4.0	0.7	0.7	0.6
			消防车	35.0	0.7	0.5	0.0
		双向板楼盖（板跨不小于 6m×6m）和无梁楼盖（柱网不小于 6m×6m）	客车	2.5	0.7	0.7	0.6
			消防车	20.0	0.7	0.5	0.0
9	厨房	餐厅		4.0	0.7	0.7	0.7
		其他		2.0	0.7	0.6	0.5
10	浴室、卫生间、盥洗室			2.5	0.7	0.6	0.5
11	走廊、门厅	宿舍、旅馆、医院病房、托儿所、幼儿园、住宅		2.0	0.7	0.5	0.4
		办公楼、餐厅、医院门诊部		2.5	0.7	0.6	0.5
		教学楼及其他可能出现人员密集情况的建筑		3.5	0.7	0.5	0.3
12	楼梯	多层住宅		2.0	0.7	0.5	0.4
		其他		3.5	0.7	0.5	0.3
13	阳台	可能出现人员密集情况的建筑		3.5	0.7	0.6	0.5
		其他		2.5	0.7	0.6	0.5

注：1.第 6 项中的书库活荷载，当书架高度大于 2m 时，尚应按不小于书架高度乘 2.5kN/m 确定。

2.第 8 项中的客车活荷载仅适用于停放载人少于 9 人的客车；消防车活荷载适用于满载总重为 300kN 的大型车辆；当不符合本表的要求时，应将车轮的局部荷载按结构效应的等效原则换算为等效均布荷载。

3.第 8 项中的消防车活荷载，当双向板楼盖板跨介于 3m×3m 和 6m×6m 之间时，应按跨度线性插值确定。

4.第 12 项中的楼梯活荷载，对预制楼梯踏步平板，尚应按 1.5kN 集中荷载验算。

5.本表各项荷载不包括隔墙自重和二次装修荷载；对固定隔墙的自重应按永久荷载考虑，当隔墙位置可灵活自由布置时，非固定隔墙的自重应取不小于 1/3 的每延米长墙重（kN/m）作为楼面活荷载的附加值（kN/m²）计入，且附加值不应小于 1.0kN/m²。

单击"荷载"菜单下的"恒活设置"，弹出"楼面荷载定义"对话框，输入楼板恒载"4.5"，活载"2.0"，单击"确定"，如图 2-34 所示。

"自动计算现浇板自重"控制项是对全楼的，即非单独对当前标准层。选中该项后程序会根据楼层各房间楼板的厚度，折合成该房间的均布面荷载，并将其叠加到该房间的面恒载值中。若选中该项，则输入的楼面恒载值中不应该再包含楼板自重，否则楼板自重会重复计算；反之，则必须包含楼板自重。勾选"自动计算现浇楼板自重"，荷载定义如图 2-35 所示。

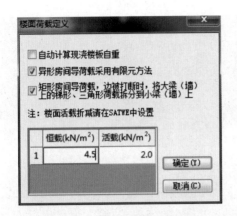
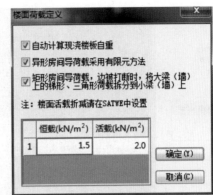

图 2-34 "楼面荷载定义"对话框   图 2-35 荷载定义

单击"恒载"选项中的"板",输入恒载值"8",如图 2-36 所示,将楼梯间恒载修改为"8";单击模型中的楼梯间,弹出如图 2-37 所示的对话框,单击"确定"。修改后的第 1 标准层恒载如图 2-38 所示。

注意:楼梯间板厚为 0,恒载输入 $6\sim8kN/m^2$,一般输入 $7kN/m^2$ 即可。公共建筑和高层建筑的活载取值一般不小于 $3.5kN/m^2$,多层住宅楼梯活载可取 $2.0kN/m^2$。

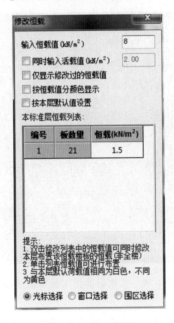

图 2-36 修改恒载

图 2-37 楼梯间荷载提示对话框

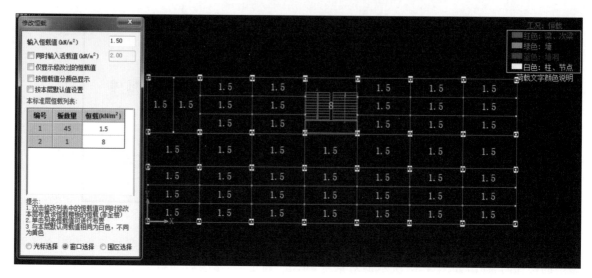

图 2-38　修改后的第 1 标准层恒载

单击"活载"选项中的"板",将走廊、卫生间活载修改为"2.5",楼梯间活载修改为"3.5"。修改后的第 1 标准层活载如图 2-39 所示。

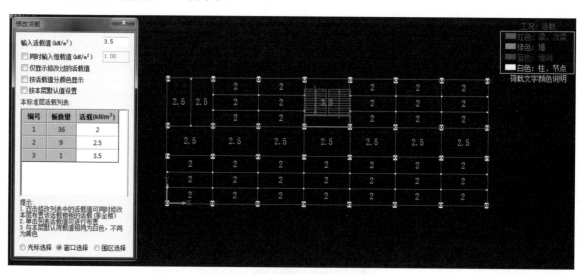

图 2-39　修改后的第 1 标准层活载

（2）梁间荷载

对于承重构件的自重,程序能够自动计算,对于非承重构件的自重或其他附加荷载,则要手动输入布置。如框架结构中填充墙的荷载需要通过梁间荷载来布置。

梁间荷载＝（墙的容重×墙的厚度＋抹灰荷载）×（楼层层高－梁高）。

$q=(11.8\times0.2+0.02\times17\times2)\times(3.3-0.6)=8.21(kN/m)$,取 8.5kN/m。

女儿墙荷载 $q=(11.8\times0.2+0.02\times17\times2)\times1.2=3.65(kN/m)$,取 3.9kN/m。

单击"恒载"选项中的"梁墙",弹出"梁:恒载布置"对话框,如图 2-40 所示,单击"增加"按钮,弹出"添加:梁荷载"对话框。

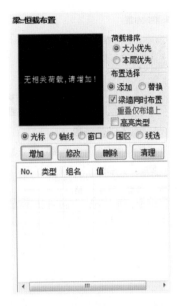

图 2-40 "梁:恒载布置"对话框

然后选择荷载类型,对于框架结构填充墙选择第一类满跨均布线荷载,如图 2-41 所示。

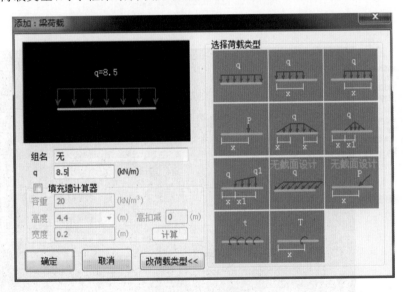

图 2-41 选择荷载类型

在"添加:梁荷载"对话框中输入荷载值"8.5",并单击"确定"。用同样的方法定义均布荷载"3.9",如图 2-42 所示。

选中荷载"8.5",用光标选取梁布置,布置的结果如图 2-43 所示。

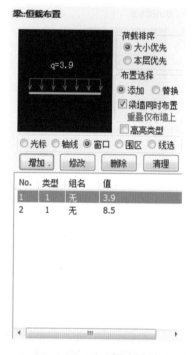

图 2-42　定义梁间荷载

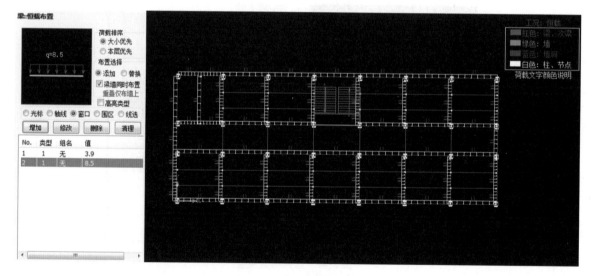

图 2-43　梁间荷载布置

2.2.7　第 2 标准层布置

结构布置与荷载布置完成，意味着第 1 标准层布置完成。当第 1 标准层数据输入完成后，单击界面右上角第 1 标准层下拉菜单并单击"添加新标准层"，弹出"选择/添加标准层"对话框，如图 2-44 所示。选择"全部复制"，单击"确定"，第 2 标准层复制完成。

当第 2 标准层与第 1 标准层中的构件或荷载布置不同时，可以进行相应修改。此处第 2 标准层为楼层中间层，此次复制不作任何修改，主要考虑到楼梯间层高与第 1 标准层不同，在"构件"菜单下，单击"本层信息"，修改"本标准层层高"为"3300"，如图 2-45 所示。在"楼板"菜单下单击"楼梯",选择"修改",将本层楼梯起始高度修改为 0,如图 2-46 所示。布置楼梯时注意查看对话框顶部提示的当前层高"平行两跑楼梯--智能设计对话框<当前层高:3300>"是否正确。如果层高信息不正确,可以将原楼梯删除,重新布置。

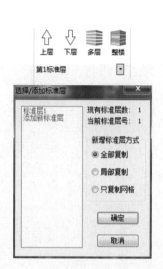

图 2-44 "选择/添加标准层"对话框

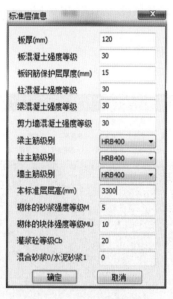

图 2-45 第 2 标准层信息

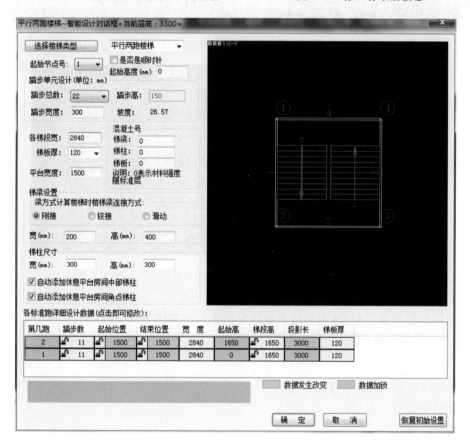

图 2-46 第 2 标准层楼梯设计

2.2.8 第3标准层布置

用同样的方法添加第3标准层。当第3标准层与第2标准层中的荷载布置不同时,可以进行相应修改。第3标准层为结构屋面层,为不上人屋面,不需要布置楼梯,需修改次梁布置,具体操作如下:

①删除楼梯,如图2-47所示。

②修改次梁布置,如图2-48所示。

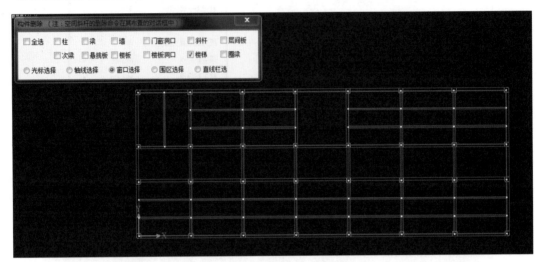

图 2-47　第3标准层删除楼梯

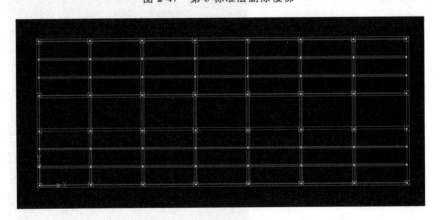

图 2-48　第3标准层梁布置图

③修改第3标准层信息,如图2-49所示,重新生成楼板。

提示:当梁布局有变化时(增加梁或者删除梁截面),都应该执行"楼板生成"。

④修改第3标准层荷载。

屋面恒荷载取值:

40mm厚细石混凝土	$0.04 \times 25 = 1.0 (kN/m^2)$
三毡四油沥青防水卷材上铺绿豆砂	$0.4 (kN/m^2)$
50mm厚水泥砂浆找平层	$0.05 \times 20 = 1.0 (kN/m^2)$
40mm厚水泥珍珠岩	$0.04 \times 6 = 0.24 (kN/m^2)$

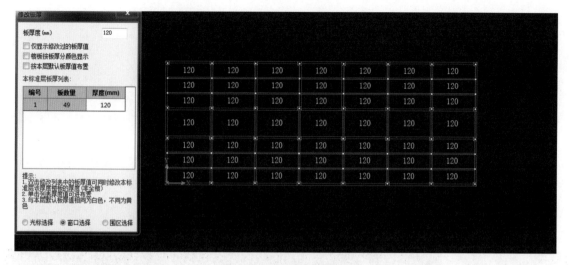

图 2-49　第 3 标准层信息

120mm 厚钢筋混凝土现浇板	$0.12 \times 25 = 3.0 (kN/m^2)$
20mm 厚混合砂浆板底抹灰	$0.02 \times 17 = 0.34 (kN/m^2)$
总计	$5.98 (kN/m^2)$
	取 $6.0 (kN/m^2)$

　　屋面均布活载的标准值及其组合值系数、频遇值系数和准永久值系数的取值,不应小于表 2-4 的规定。

表 2-4　　　　屋面均布活载标准值及其组合值系数、频遇值系数和准永久值系数

项次	类别	标准值/ (kN/m^2)	组合值系数 φ_c	频遇值系数 φ_f	准永久值系数 φ_q
1	不上人的屋面	0.5	0.7	0.5	0.0
2	上人的屋面	2.0	0.7	0.5	0.4
3	屋顶花园	3.0	0.7	0.6	0.5
4	屋顶运动场地	3.0	0.7	0.6	0.4

注:1.不上人的屋面,当施工或维修荷载较大时,活载应按实际情况采用;对不同类型的结构应按有关设计规范的规定采用,但不得低于 $0.3kN/m^2$ 。

　　2.当上人的屋面兼作其他用途时,活载应按相应楼面活载采用。

　　3.对于因屋面排水不畅、堵塞等引起的积水荷载,应采取构造措施加以防止;必要时,应按积水的可能深度确定屋面活载。

　　4.屋顶花园活载不应包括花圃土石等材料自重。

　　本例中屋面层与楼面层的荷载不同,在"荷载"菜单下单击"恒活设置",默认勾选"自动计算现浇楼板自重",输入楼板恒载"3"(扣除 120mm 厚钢筋混凝土现浇板自重 $3.0kN/m^2$),活载"0.5",单击"确定",如图 2-50 所示。

　　将楼梯间恒载"8"修改为"3.00",如图 2-51 所示。将走廊、卫生间活载"2.5"和楼梯间活载"3.5"均修改为"0.50",如图 2-52 所示。

　　⑤修改梁荷载。

　　单击"荷载"菜单下的"梁:恒载布置",选择"删除",删除第 3 标准层上所有的梁间荷载;然后选择荷载"3.9",更改为"轴线"方式布置。屋面梁间荷载布置简图如图 2-53 所示。

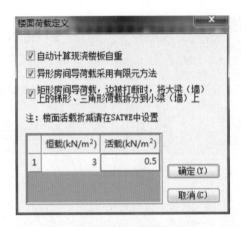

图 2-50　第 3 标准层荷载定义

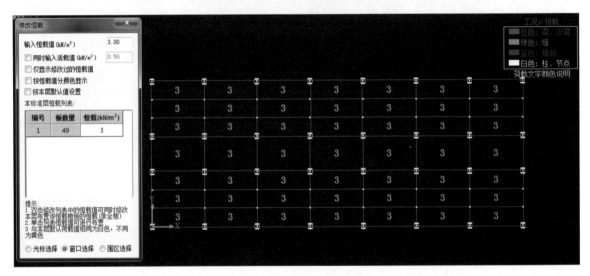

图 2-51　第 3 标准层恒载修改

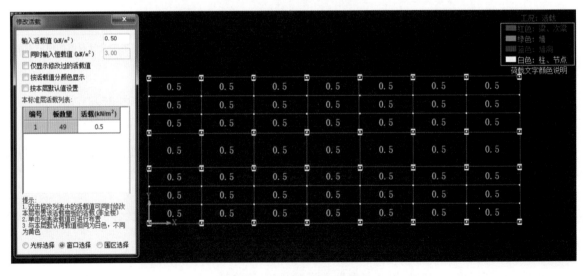

图 2-52　第 3 标准层活载修改

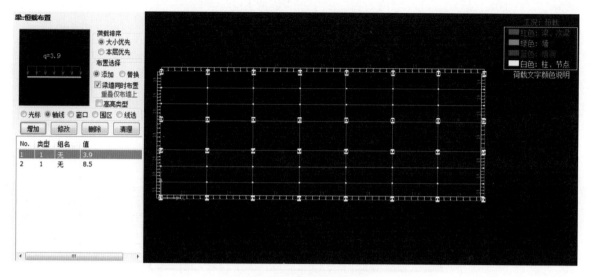

图 2-53 屋面梁间荷载布置

2.2.9 设计参数设置

单击"楼层"菜单下的"设计参数",弹出"楼层组装—设计参数"对话框,如图 2-54 所示,按实际情况输入工程设计参数。"楼层组装—设计参数"对话框中共分"总信息""材料信息""地震信息""风荷载信息"和"钢筋信息"5 个子菜单。

(1)总信息

在"总信息"中对"结构体系""结构主材""框架梁端负弯矩调幅系数"等参数进行修改。

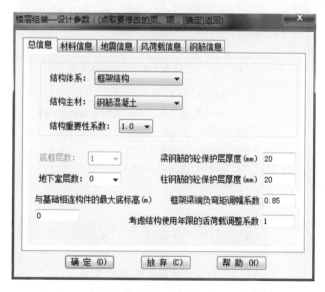

图 2-54 "楼层组装—设计参数"对话框

(2)材料信息

在"材料信息"中修改"混凝土容重""梁箍筋级别""柱箍筋级别",如图 2-55 所示。将"混凝土容重"修改为 26,"梁箍筋级别"改为 HRB400,"柱箍筋级别"改为 HRB400。

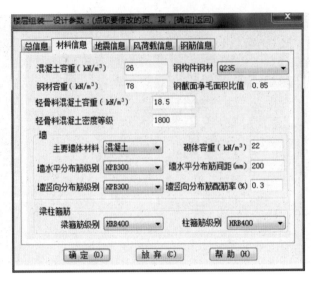

图 2-55 "材料信息"选项卡

（3）地震信息

在"地震信息"中进行"设计地震分组""地震烈度""场地类别""计算振型个数"等的设置,如图 2-56 所示。通常振型个数应至少取 3,为了使每阶振型都尽可能得到 2 个平动振型和 1 个扭转振型,振型数最好为 3 的倍数。当考虑扭转耦联计算时,振型数不应小于 15。对于多塔结构振型数不应小于塔楼数的 9 倍。需要注意的是,此处指定的振型数不能超过结构固有振型的总数。

我国主要城镇抗震设防烈度、设计基本地震加速度和设计地震分组详见附录 3。

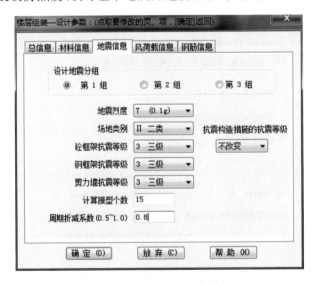

图 2-56 "地震信息"选项卡

钢筋混凝土房屋应根据设防类别、设防烈度、结构类型和房屋高度采用不同的抗震等级,并应符合相应的计算和构造措施要求。丙类建筑中现浇钢筋混凝土房屋的抗震等级应按表 2-5 确定。

钢结构房屋应根据设防类别、设防烈度和房屋高度采用不同的抗震等级,并应符合相应的计算和构造措施要求。丙类建筑中钢结构房屋的抗震等级应按表 2-6 确定。

表 2-5   **现浇钢筋混凝土房屋的抗震等级**

结构类型	子项	6度	7度	8度	9度
框架结构	高度/m	≤24 / >24	≤24 / >24	≤24 / >24	≤24
	普通框架	四 / 三	三 / 二	二 / 一	一
	大跨度框架	三	二	一	一
框架-抗震墙结构	高度/m	≤60 / >60	≤24 / 25~60 / >60	≤24 / 25~60 / >60	≤24 / 25~50
	框架	四 / 三	四 / 三 / 二	三 / 二 / 一	二 / 一
	抗震墙	三	二	一	一
抗震墙结构	高度/m	≤80 / >80	≤24 / 25~80 / >80	≤24 / 25~80 / >80	≤24 / 25~60
	抗震墙	四 / 三	四 / 三 / 二	三 / 二 / 一	二 / 一
部分框支抗震墙结构	高度/m	≤80 / >80	≤24 / 25~80 / >80	≤24 / 25~80	
	抗震墙 一般部位	四 / 三	四 / 三 / 二	三 / 二	
	抗震墙 加强部位	三 / 二	三 / 二 / 一	二 / 一	
	框支层框架	二	二	一	
框架-核心筒结构	框架	三	二	一	一
	核心筒	二	二	一	一
筒中筒结构	外筒	三	二	一	一
	内筒	三	二	一	一
板柱-抗震墙结构	高度/m	≤35 / >35	≤35 / >35	≤35 / >35	
	框架、板柱的柱	三 / 二	二 / 二	一 / 二	
	抗震墙	二 / 二	二 / 一	二 / 一	
单层厂房结构	铰接排架	四	三	二	

注:1.建筑场地为Ⅰ类时,除6度设防烈度外应允许按表内降低1度所对应的抗震等级采取抗震构造措施,但相应的计算要求不应降低。

2.高度接近或等于高度分界时,应允许结合房屋不规则程度及场地、地基条件确定抗震等级。

3.大跨度框架指跨度不小于18m的框架。

4.表中框架结构不包括异形柱框架。

5.房屋高度不大于60m的框架-核心筒结构按框架-抗震墙(剪力墙)结构的要求设计时,应按表中框架-抗震墙结构确定其抗震等级。

表 2-6   **钢结构房屋的抗震等级**

房屋高度	设防烈度 6	7	8	9
≤50m	—	四	三	二
>50m	四	三	二	一

注:1.高度接近或等于高度分界时,应允许结合房屋不规则程度和场地、地基条件确定抗震等级。

2.一般情况下,构件的抗震等级应与结构相同;当某个部位各构件的承载力均满足2倍地震作用组合下的内力要求时,7~9度的构件抗震等级应允许按降低1度确定。

（4）风荷载信息

在"风荷载信息"中设置"修正后的基本风压"和"地面粗糙度类别"等信息，如图 2-57 所示。

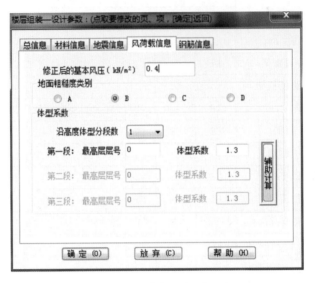

图 2-57 "风荷载信息"选项卡

地面粗糙度可分为 A、B、C、D 4 类：A 类指近海海面和海岛、海岸、湖岸及沙漠地区；B 类指田野、乡村、丛林、丘陵以及房屋比较稀疏的乡镇和城市郊区；C 类指有密集建筑群的城市市区；D 类指有密集建筑群且房屋较高的城市市区。

全国部分地方的风压详见附录 4。

（5）钢筋信息

"钢筋信息"中显示钢筋的抗拉强度设计值，图 2-58 所示为《混凝土结构设计规范（2015 年版）》(GB 50010—2010)中规定值，一般不作修改。

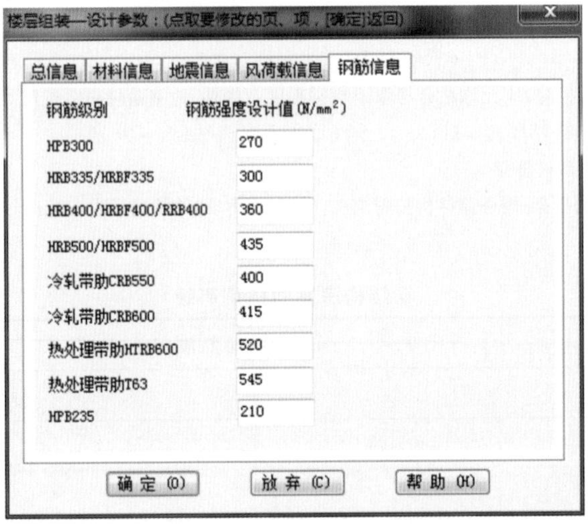

图 2-58 "钢筋信息"选项卡

注意："楼层组装—设计参数"对话框必须打开并单击"确定"，否则在数据检查时会因缺少工程信息而出错。

2.2.10 楼层组装

单击"楼层"菜单下的"楼层组装",弹出"楼层组装"对话框,如图 2-59 所示。在该对话框中完成全楼各自然层的组装工作,分三步操作:

①输入"复制层数"为"1",取"第 1 标准层","层高"为"4400";

②输入"复制层数"为"4",取"第 2 标准层","层高"为"3300";

③输入"复制层数"为"1",取"第 3 标准层","层高"为"3300"。

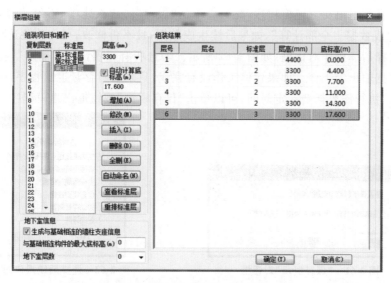

图 2-59 "楼层组装"对话框

注意:为保证底层竖向构件计算长度正确,楼层底标高应从基础顶面起算。本例中建筑底层层高 3.6m,室内外高差 0.3m,基础埋深 0.5m,所以结构底层层高为 3.6m+0.3m+0.5m=4.4m。

单击"确定",完成楼层组装。在界面右上角单击"整楼",显示整楼模型,如图 2-60 所示。

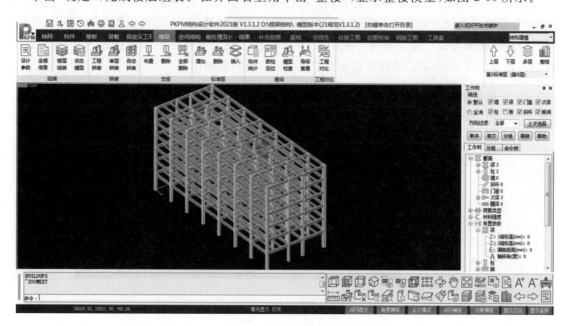

图 2-60 组装结果

2.2.11 存盘退出

单击"保存",将已完成的模型数据存储在磁盘中。

提示:建议在建模过程中养成每完成一步工作都及时保存模型数据的良好习惯,以免发生中断而丢失数据。

单击"前处理及计算"菜单,或直接在菜单栏右侧下拉菜单中选择"SATWE分析设计"模块,程序会弹出"是否保存本次对模型的修改"的提示,如图2-61所示。如果单击"不保存",则程序不保存已做的操作并直接退出交互建模程序,此处应单击"保存"。首次建模,不勾选提示框中的"自动进行SATWE生成数据+全部计算",如果后续生成数据,且不再修改,可勾选此选项。

接着弹出选择后续操作对话框,如图2-62所示。勾选所有选项,单击"确定",程序自动完成导荷、数据检查、数据输出等工作。如果建模工作没有完成,只是临时存盘退出程序,则这几个选项可不必执行,因为其执行需要耗费一定时间,可以单击"仅存模型"按钮退出建模程序。

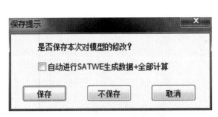

图 2-61 "保存提示"对话框

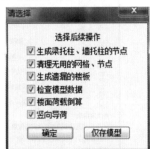

图 2-62 选择后续操作对话框

2.3 荷 载 校 核

进入SATWE程序后的第一项菜单是荷载校核。其主要检查交换输入和自动导算的荷载是否准确,不会对荷载结果进行修改或重写,也有荷载归档的功能,其主界面如图2-63所示。"荷载校核"可检查"平面荷载""竖向导荷""板信息"3项信息。荷载校核的图纸输出如图2-64所示,图形输出路径如图2-65所示。竖向导荷如图2-66所示,板信息如图2-67所示。

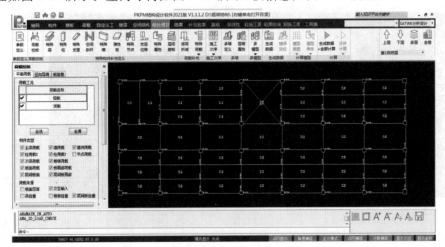

图 2-63 荷载校核

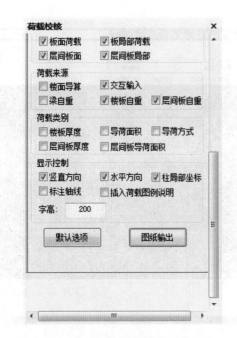

图 2-64　荷载校核的图纸输出

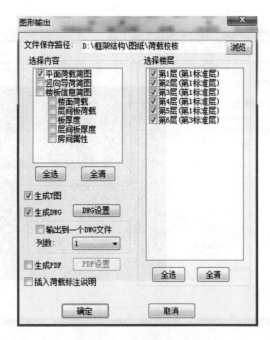

图 2-65　图形输出路径

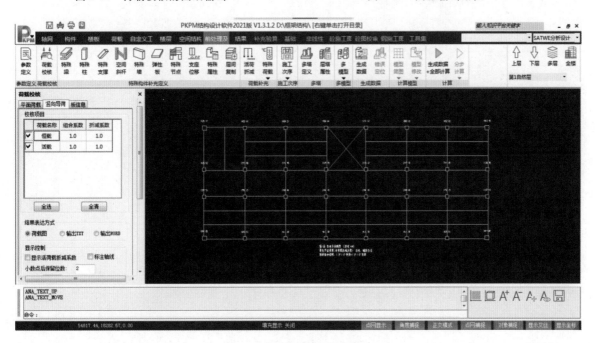

图 2-66　竖向导荷

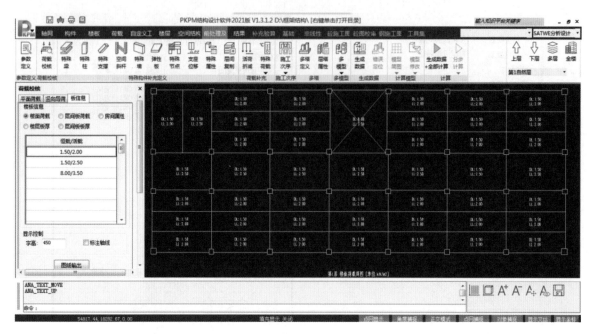

图 2-67   板信息

3 SATWE 结构空间有限元分析设计

【内容提要】
    本章主要内容包括接 PM 生成 SATWE 数据、结构内力与配筋计算、SATWE 的计算结果显示及查看。本章教学内容的重点是补充输入参数和特殊构件补充定义。本章教学内容的难点是分析和查看 SATWE 的计算结果。

【能力要求】
    通过本章的学习,学生应熟练掌握使用 SATWE 结构空间有限元分析设计软件对模型进行计算的方法,理解计算结果中混凝土构件配筋及钢构件的验算简图,了解并查看 SATWE 计算结果。

SATWE 是 Space Analysis of Tall-Buildings with Wall-Element 的缩写,SATWE 软件是多层及高层建筑结构空间有限元分析与设计软件,具有模型化误差小、分析精度高、计算速度快、解题能力强等特点。

3.1 SATWE 软件概述

(1)SATWE 软件的技术参数要求

①结构层数 $\leqslant 200$。

②每层梁根数 $\leqslant 8000$。

③每层柱根数 $\leqslant 5000$。

④每层墙面数 $\leqslant 3000$。

⑤每层支撑根数 $\leqslant 2000$。

⑥每层塔个数 $\leqslant 9$。

⑦每层刚性楼板块数 $\leqslant 99$。

⑧结构总自由度数   不限。

(2)SATWE 软件的具体操作步骤

①接 PM 生成 SATWE 数据。

②结构内力与配筋计算。

③PM 次梁内力与配筋计算。

④分析结果图形和文本显示。

⑤结构的弹性动力时程分析。

⑥框支剪力墙有限元分析。

⑦计算结果对比程序(测试版)。

3.2 接PM生成SATWE数据

SATWE分析设计的菜单如图3-1所示,主要包括"参数定义""荷载校核""特殊构件补充定义""荷载补充""多塔""生成数据""计算"等。

图3-1 SATWE分析设计的菜单

3.2.1 参数定义

对于一个新建工程,在结构建模模型中已经包含了部分参数,这些参数可以为PKPM系列的多个软件模块所公用,但对于结构分析而言并不完备。SATWE在结构建模参数的基础上,提供了一套更为丰富的参数,以满足结构分析和设计的需要。

在单击"参数定义"菜单后,弹出参数页切换菜单,如图3-2所示。参数共十四页,分别为总信息、多模型及包络信息、风荷载信息、地震信息、活荷载信息、二阶效应、调整信息、设计信息、材料信息、荷载组合、地下室信息、性能设计、高级参数、云计算。

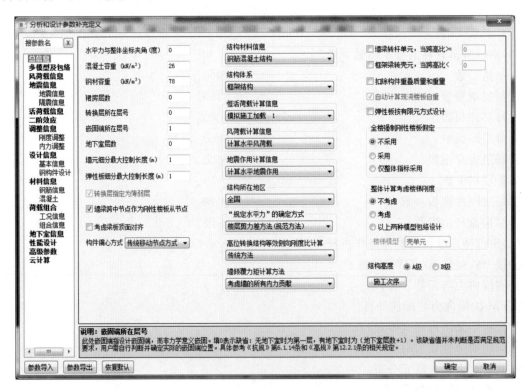

图3-2 "总信息"参数对话框

在第一次启动 SATWE 主菜单时,程序自动给所有参数赋初值。其中,对于结构建模设计参数中已有的参数,程序读取结构建模信息作为初值,其他的参数则取多数工程中的常用值作为初值。此后每次执行"参数定义"时,SATWE 将自动读取信息,并在退出菜单时保存用户修改的内容。对于结构建模和 SATWE 共有的参数,程序是自动联动的,修改任一处,则两处同时改变。

(1)总信息

①结构材料信息:包括钢筋混凝土结构、钢与混凝土混合结构、有填充墙钢结构、无填充墙钢结构、砌体结构。

②结构体系:包括框架结构、框剪结构、框筒结构、筒中筒结构、剪力墙结构、板柱剪力墙结构、异形柱框架结构、异形柱框剪结构、配筋砌块砌体结构、砌体结构、底框结构、部分框支剪力墙结构、单层钢结构厂房、多层钢结构厂房、钢框架结构。

③恒活荷载计算信息:有以下内容可供选择。

a. 不计算恒活荷载:不计算竖向力。

b. 一次性加载:采用整体刚度模型,按一次加载方式计算竖向力。

c. 模拟施工加载 1:按模拟施工加载方式计算竖向力。

d. 模拟施工加载 2:按模拟施工加载方式计算竖向力,同时在分析过程中将外围竖向构件的刚度放大十倍,再进行荷载分配,这样计算得出的结果接近手算结果,传给基础的荷载比较合理。

e. 模拟施工加载 3:采用分层刚度分层加载模型,更符合实际施工情况(推荐使用)。

(2)风荷载信息

"风荷载信息"参数对话框如图 3-3 所示。

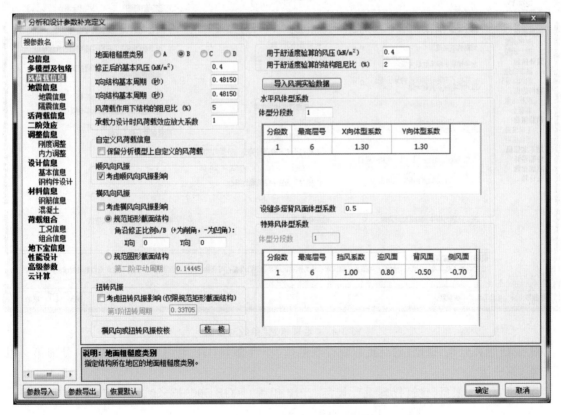

图 3-3 "风荷载信息"参数对话框

①地面粗糙度类别：地面粗糙度可分为A、B、C、D 4类。A类指近海海面和海岛、海岸、湖岸及沙漠地区；B类指田野、乡村、丛林、丘陵以及房屋比较稀疏的乡镇和城市郊区；C类指有密集建筑群的城市市区；D类指有密集建筑群且房屋较高的城市市区。

②修正后的基本风压(kN/m^2)：此参数不需要考虑风压高度变化系数和风振系数等。

③X、Y向结构基本周期(s)：结构基本周期主要计算风荷载中的风振系数。规则结构可采用近似方法计算基本周期：框架结构 $T=(0.05\sim0.06)N$；框剪结构、框筒结构 $T=(0.06\sim0.08)N$；剪力墙结构、筒中筒结构 $T=(0.05\sim0.06)N$(N 为结构层数)。也可以按程序默认值对结构进行计算，计算完成后再将程序输出的第一平动周期值和第二平动周期值(在"周期 振型 地震力"WZQ.OUT 文件中)填入，然后重新计算，从而得到更加准确的风荷载。风荷载计算与否并不影响结构的自振周期。

④风荷载作用下结构的阻尼比(%)：混凝土结构及砌体结构为5，有填充墙钢结构为2，无填充墙钢结构为1。默认值为5。

(3)地震信息

单击"地震信息"，进入"地震信息"参数对话框，如图 3-4 所示。

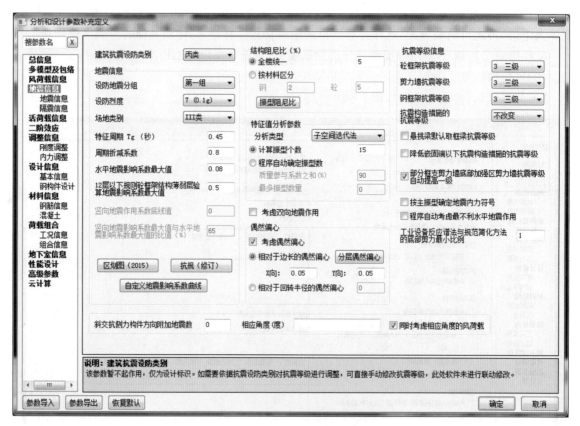

图 3-4　"地震信息"参数对话框

①设防地震分组：根据《建筑抗震设计规范(2016 年版)》(GB 50011—2010)规定，分为第一组、第二组、第三组。

②设防烈度：根据《建筑抗震设计规范(2016 年版)》(GB 50011—2010)规定，分为 6(0.05g)、7(0.1g)、7(0.15g)、8(0.2g)、8(0.3g)、9(0.4g)。

③场地类别：I₀类、I₁类、Ⅱ类、Ⅲ类、Ⅳ类，共 5 类。

④周期折减系数:周期折减是为了考虑框架结构、框架-剪力墙结构及框架-筒体结构等结构中填充墙刚度对计算周期的影响。当非承重墙体为砌体墙时,高层建筑结构计算自振周期折减系数可按下列规定取值:框架结构可取 0.6～0.7;框架-剪力墙结构可取 0.7～0.8;框架-核心筒可取 0.8～0.9;剪力墙结构可取 0.8～1.0;钢结构取 0.9。对于其他结构体系或采用其他非承重墙体时,可根据工程情况确定周期折减系数。

⑤计算振型个数:通常振型个数应至少取 3,为了使每阶振型都尽可能得到 2 个平动振型和 1 个扭转振型,振型数最好为 3 的倍数。当考虑扭转耦联计算时,振型数不应小于 15。对于多塔结构,振型数不应小于塔楼数的 9 倍。需要注意的是,此处指定的振型数不能超过结构固有振型的总数。

⑥考虑双向地震作用:"是"或"否"。质量和刚度分布明显不对称的结构,应计双向地震作用下的扭转效应。

⑦考虑偶然偏心:"是"或"否"。一般考虑偶然偏心地震作用,偶然偏心对结构的影响比较大。

(4)活荷载信息

单击"活荷载信息",可选择柱墙设计时活荷载是否折减、传给基础的活荷载是否折减、梁活荷载不利布置最高层号、柱墙基础活荷载折减系数等参数。

(5)调整信息

单击"调整信息",可修改梁端负弯矩调幅系数、梁活荷载内力放大系数、梁扭矩折减系数、实配钢筋超配系数、连梁刚度折减系数等参数。

(6)设计信息

"设计信息"包括的参数有结构重要性系数、梁柱保护层厚度、柱配筋计算原则、考虑 P-Δ 效应等。

3.2.2　特殊构件定义

在"特殊构件定义"选项中,单击"特殊柱"。选择"特殊柱/角柱",用光标点取图中的四个角柱,柱子旁边显示汉字"角柱",如图 3-5 所示。每一标准层均执行"角柱"命令。

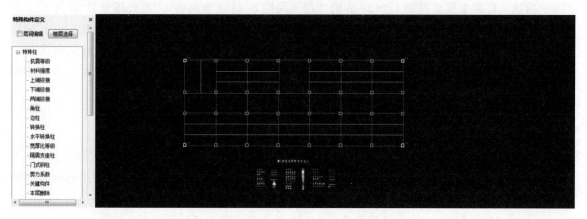

图 3-5　角柱定义

3.2.3　生成数据

单击"前处理及计算"菜单下的"生成数据",程序自动进行数据生成和数据检查,结果如图 3-6 所示。

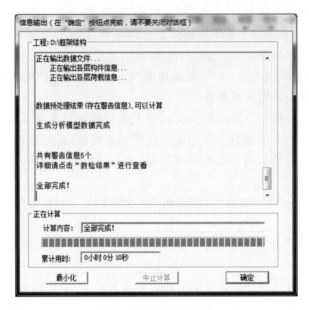

图 3-6　生成数据完成

3.3　结构内力与配筋计算

单击"前处理及计算"菜单下"生成数据＋全部计算",SATWE 软件开始计算结构内力与配筋,计算完成后自动跳转到"结果"界面。

3.4　结果显示及查看

在"结果"菜单下的"文本结果"选项中选择"文本及计算书",新版程序默认为新版文本查看,如图 3-7 所示。将第 1 振型周期 1.0420 和第 2 振型周期 0.9448 重新输入"前处理及计算"菜单下的"参数定义"中,单击"风荷载信息",在"X 向结构基本周期"输入第 1 振型周期 1.0420,在"Y 向结构基本周期"输入第 2 振型周期 0.9448,单击"确定"。单击"生成数据＋全部计算",计算完成。

在"结果"菜单下可查看"分析结果""设计结果""特殊分析结果""组合内力""文本结果""多模型数据""钢筋层""工程对比"等内容。

一般从以下几个方面对计算结果进行检查:

①检查模型原始数据是否有误,特别是荷载的输入;

②检查计算简图、计算假定是否与实际一致;

③对计算结果进行分析,检查设计参数是否合理、构件是否满足规范要求、整个结构体系是否满足各种要求;

④检查超配筋信息,判断构件超筋是因为荷载输入有误还是结构构件截面问题等。

在单击"各层配筋构件编号简图"后,程序首先显示结构首层的配筋构件编号简图,如图 3-8 所示。图上标注了梁、柱、支撑和墙-柱、墙-梁的序号,图中的青色数字为梁序号,黄色数字为柱序号,紫色数字为支撑序号,绿色数字为墙-柱序号,蓝色数字为墙-梁序号,对于每根墙-梁,还在其下部标出了截面的宽度和高度。

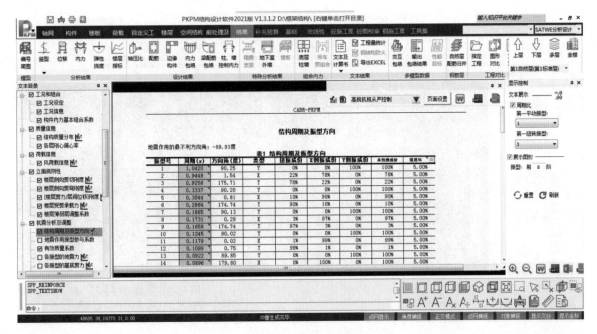

图 3-7　新版文本查看

图中的双同心圆旁的数字 $X_{cr}=21.00$，$Y_{cr}=7.96$ 为该层的刚度中心坐标，带十字线的圆环旁的数字 $X_{cm}=20.89$，$Y_{cm}=8.14$ 为该层的质量重心坐标。

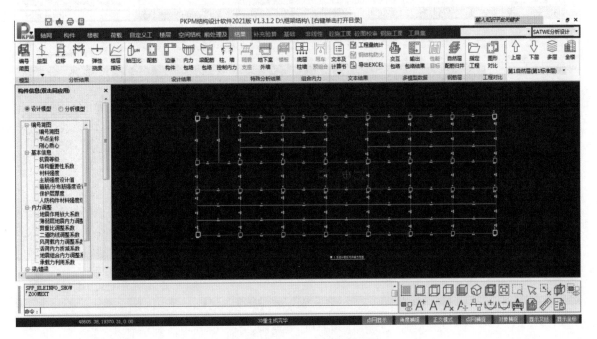

图 3-8　各层配筋构件编号简图

在"分析结果"中查看"振型"，如图 3-9 所示。

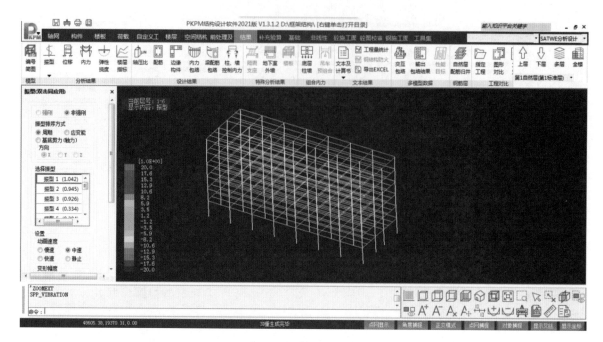

图 3-9　振型图

在"设计结果"中查看"轴压比"，如图 3-10 所示。

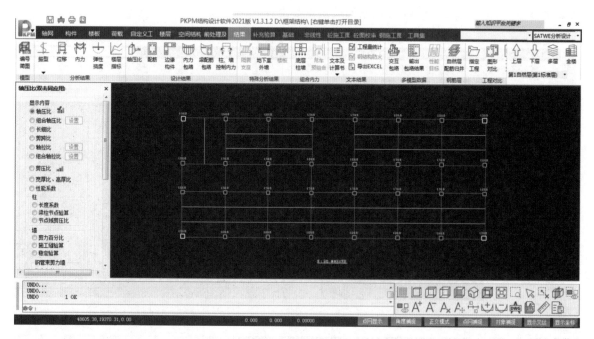

图 3-10　轴压比

在"设计结果"中查看"配筋"，显示"混凝土构件配筋及钢构件验算"简图，如图 3-11 所示。在图中可查看梁的配筋信息、柱的配筋信息、柱轴压比等信息。若配筋超筋及柱轴压比超过限值，则以红色字体显示，表明不满足要求。此时必须重新返回结构建模中和 SATWE 中查看参数设置是否正确，若无误，则需返回结构建模中修改梁或柱截面尺寸，直至满足要求。第 1 层混凝土构件配筋简图如图 3-12 所示。

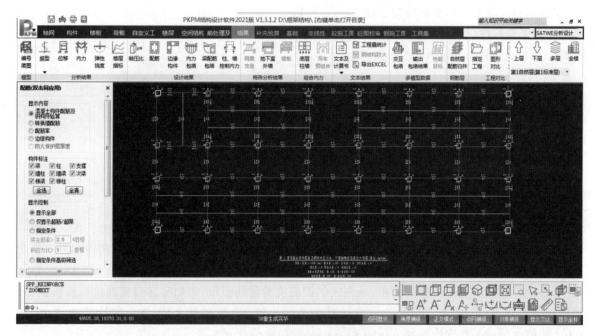

图 3-11 "混凝土构件配筋及钢构件验算"简图

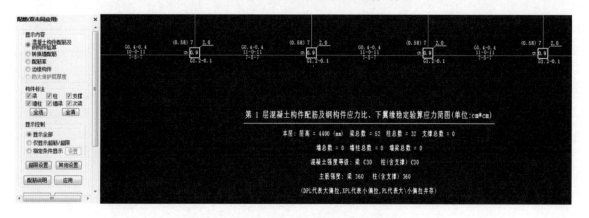

图 3-12 第 1 层混凝土构件配筋简图（部分）

（1）混凝土梁和型钢混凝土梁

$$GAsv\text{-}Asv0$$
$$\overline{\begin{array}{c} Asu1\text{-}Asu2\text{-}Asu3 \\ \hline Asd1\text{-}Asd2\text{-}Asd3 \end{array}}$$
$$VTAst\text{-}Ast1$$

其中：Asu1、Asu2、Asu3 分别为梁上部（u 为英文单词 up 第一个字母）左端、跨中、右端配筋面积（cm²）；Asd1、Asd2、Asd3 分别为梁下部（d 为英文单词 down 第一个字母）左端、跨中、右端配筋面积（cm²）；Asv 为梁加密区抗剪箍筋面积和剪扭箍筋面积的较大值（cm²）；Asv0 为梁非加密区抗剪箍筋面积和剪扭箍筋面积的较大值（cm²）；Ast、Ast1 分别为梁受扭纵向钢筋面积和抗扭箍筋沿周边布置的单肢箍的面积，若 Ast 和 Ast1 都为 0，则不输出这一行（cm²）；G、VT 为箍筋和剪扭配筋标志。

(2)矩形混凝土柱和型钢混凝土柱

在左上角标注(Uc),在柱中心标注 Asvj,在下边标注 Asx,在右边标注 Asy,上引出线标注 Asc,下引出线标注 GAsv-Asv0,如图 3-13 所示。

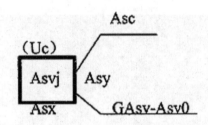

图 3-13　矩形混凝土柱和型钢混凝土柱

其中:Uc 为柱的计算轴压比,超过规范规定的轴压比限值则显示为红色,须调整。Asc 为柱一根角筋的面积,采用双偏压计算时,角筋面积不应小于此值,采用单偏压计算时,角筋面积可不受此值控制(cm^2)。Asx、Asy 分别为该柱 B 边和 H 边的单边配筋,包括两根角筋(cm^2)。Asvj、Asv、Asv0 分别为柱节点域抗剪箍筋面积、加密区斜截面抗剪箍筋面积、非加密区斜截面抗剪箍筋面积,箍筋间距均在 Sc 范围内。其中 Asvj 取计算的 Asvjx 和 Asvjy 的较大值,Asv 取计算的 Asvx 和 Asvy 的较大值,Asv0 取计算的 Asvx0 和 Asvy0 的较大值(cm^2)。

4 梁、柱、楼板施工图绘制

【内容提要】
　　本章主要内容包括绘制梁施工图、绘制柱施工图、绘制楼板施工图。本章教学内容的重点是梁、柱、楼板施工图的绘制方法。本章教学内容的难点是绘制梁的框架立面图。

【能力要求】
　　通过本章的学习，学生应熟练掌握梁、柱、楼板施工图的绘制，了解柱平法施工图中几种常见的画法。

4.1　梁施工图绘制

4.1.1　打开梁施工图

　　在菜单栏选择"砼施工图"或者在软件主界面右上角下拉菜单中选择"砼施工图"，程序自动跳转到混凝土结构施工图界面，单击"梁"菜单，如图 4-1 所示。

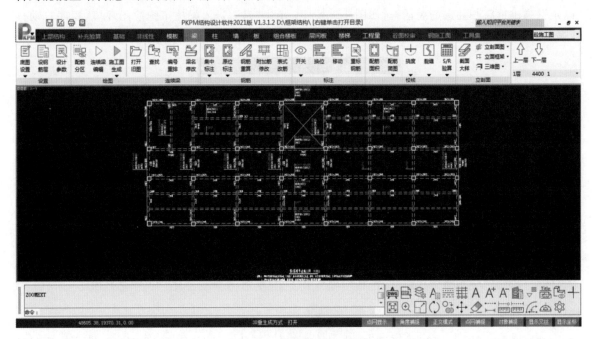

图 4-1　梁施工图界面

在"设置"选项中单击"设计参数"，弹出"参数修改"对话框，如图 4-2 所示。

图 4-2 "参数修改"对话框

在"参数修改"对话框中,将"裂缝、挠度计算参数"列表中的"根据裂缝选筋"修改为"是",单击"确定",弹出重新归并选筋对话框,如图 4-3 所示。单击"是",进入梁施工图绘图环境,程序自动打开第 1 层梁平法施工图。

图 4-3 重新归并选筋对话框

4.1.2 标注轴线和构件尺寸

最终完成的第 1 层梁平法施工图如图 4-4 所示。

注意:执行标注轴线操作时,必须在结构建模中执行"轴线命名",否则无轴号显示。

4.1.3 绘新图

在"绘图"选项中有一个"绘新图"功能,"绘新图"有两种方式,分别是"重新归并选筋并绘制新图"和"已有配筋重新绘图"。

选择"重新归并选筋并绘制新图",则软件会删除本层所有的已有数据,重新归并选筋后再绘图。此方式比较适用于模型更改或重新进行有限元分析后的施工图更新。

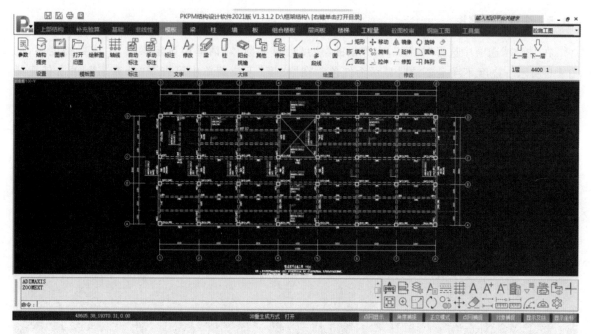

图 4-4　第 1 层梁平法施工图

选择"已有配筋重新绘图",则软件只删除施工图目录中本层的施工图,然后重新绘图。绘图时使用数据库中保存的钢筋数据,不会重新选筋归并。此方式适用于模型和分析数据没变,但是钢筋标注和尺寸标注的修改比较混乱,需要重新出图的情况。

柱、板均有"绘新图"功能,与梁的"绘新图"使用方法完全相同,后面不再赘述。

4.1.4　选择标准层生成各层施工图

单击界面右上角"层数选择"下拉菜单,选择其余 2～6 层,程序自动生成各层施工图,如图 4-5所示。

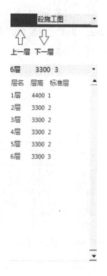

图 4-5　选择标准层

4.1.5 生成梁挠度图

在"校核"选项中选择"挠度"，在弹出的"挠度计算参数"对话框中设定参数，生成梁挠度图，如图 4-6 所示。挠度不满足要求时显示为红色。在"挠度"下拉菜单中可查看"计算书"，单击任意梁可显示挠度计算过程，计算书如图 4-7 所示。

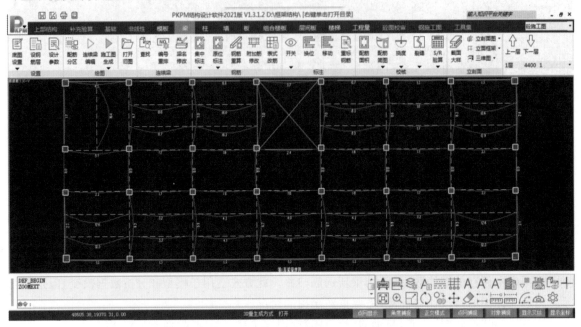

图 4-6　梁挠度图

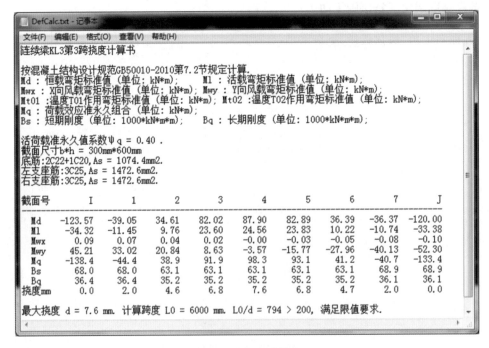

图 4-7　梁挠度计算书

4.1.6 生成梁裂缝图

在"校核"选项中选择"裂缝",在弹出的"裂缝计算参数"对话框中,勾选"考虑支座宽度对裂缝的影响",单击"确定",生成梁裂缝图,如图 4-8 所示。裂缝不满足要求时显示为红色。在"裂缝"下拉菜单中可查看"计算书",查看梁的裂缝计算过程,计算书如图 4-9 所示。

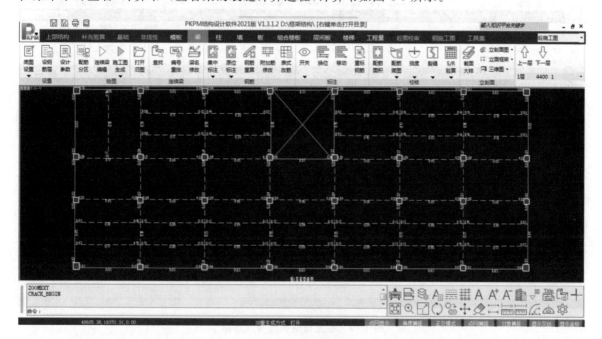

图 4-8 梁裂缝图

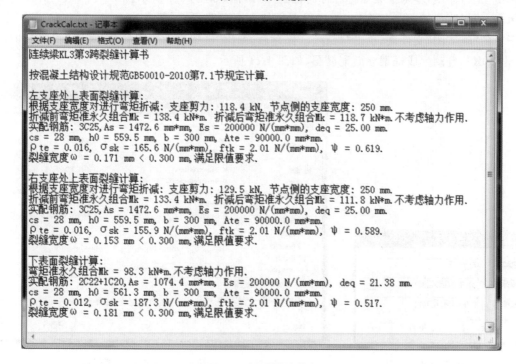

图 4-9 梁裂缝计算书

4.1.7　生成框架立面图

在"立剖面"选项中选择"立面框架",在图中单击某一轴线的梁,如单击⑥号轴线的框架梁,该框架梁显示黄色,并提示确认所选连续梁是否正确,如图4-10所示。

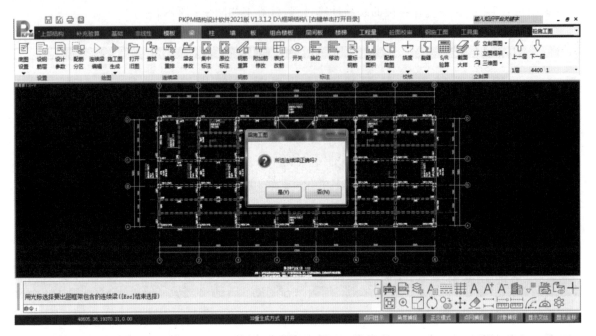

图4-10　在立面框架选择连续梁

单击"是",弹出"输入框架名称和标高范围"对话框,如图4-11所示。

单击"确定",已选择一榀框架,弹出保存框架立面图路径,如图4-12所示,默认路径为工程文件夹下面的"施工图"文件夹,单击"保存"。保存后,弹出"框架立面绘图参数"对话框,如图4-13所示,单击"OK",自动生成框架立面配筋图,如图4-14所示。

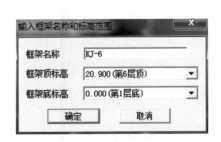

图4-11　"输入框架名称和
　　　　标高范围"对话框

图4-12　框架立面图保存

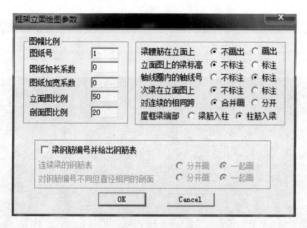

图 4-13　"框架立面绘图参数"对话框

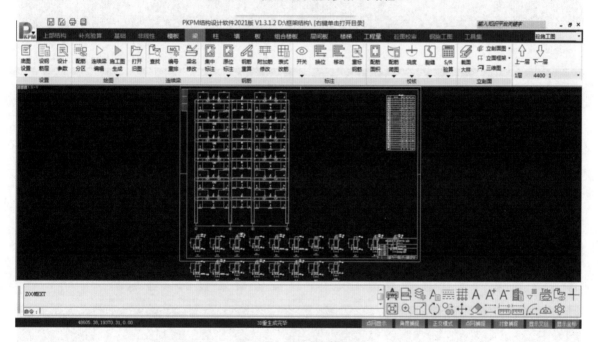

图 4-14　框架立面配筋图

4.2　柱施工图绘制

4.2.1　打开柱施工图

单击"柱"菜单,进入柱施工图绘制环境,程序自动打开当前工作目录下的第 6 层柱施工图,如图 4-15 所示。

在"校核"选项中选择"双偏压验算",对柱进行双偏压验算,检查实配钢筋结果是否满足双偏压验算要求。

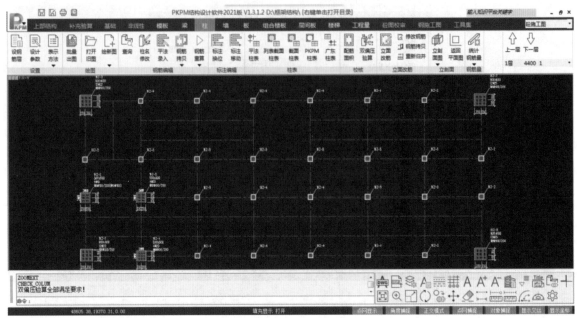

图 4-15 柱施工图界面

4.2.2 选择柱表示方法

在"设置"选项中单击"表示方法"下拉菜单,如图 4-16 所示,可选择切换其他方式绘制施工图,例如图 4-17 所示的平法集中截面注写。

平法原位截面注写

平法集中截面注写

平法列表注写

截面列表注写

图 4-16 表示方法选择

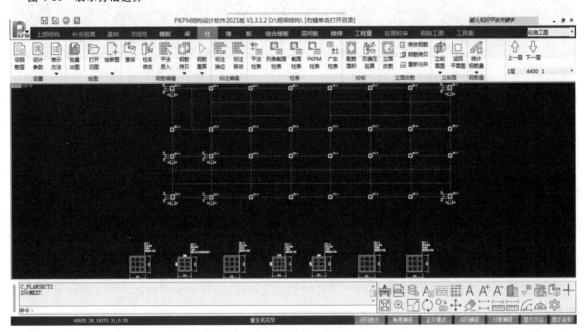

图 4-17 平法集中截面注写

4.2.3 标注轴线和构件尺寸

在"模板"菜单下的"标注"选项中单击"轴线",在下拉菜单中选择"自动",弹出"轴线标注"对话框,在轴线开关中勾选对应的标注方向,单击"确定",为板施工图标注轴线;在"自动标注"中可标注梁尺寸、柱尺寸以及板厚。最终完成的柱平法施工图如图4-18所示。对于未标注的轴线和构件尺寸,可将施工图转换成CAD图后再进行标注。

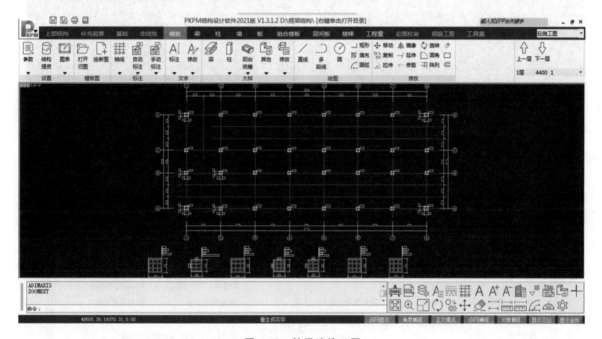

图 4-18 柱平法施工图

4.3 楼板施工图绘制

4.3.1 打开楼板施工图

单击"板"菜单,进入楼板施工图绘制环境,程序自动打开当前工作目录下的第1层楼板施工图,如图4-19所示。

4.3.2 计算参数设定

单击"设置"选项中的"参数"下拉菜单,单击"计算参数",进入楼板计算配筋参数设置界面,如图4-20所示。

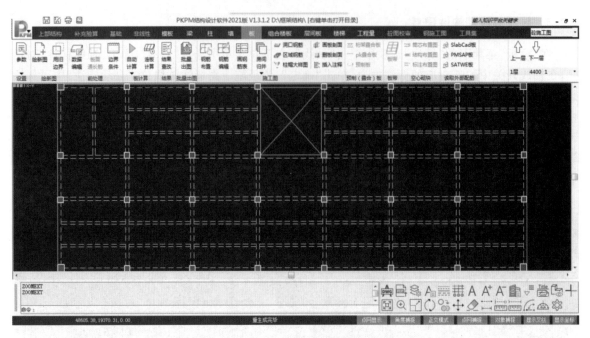

图 4-19 楼板施工图界面

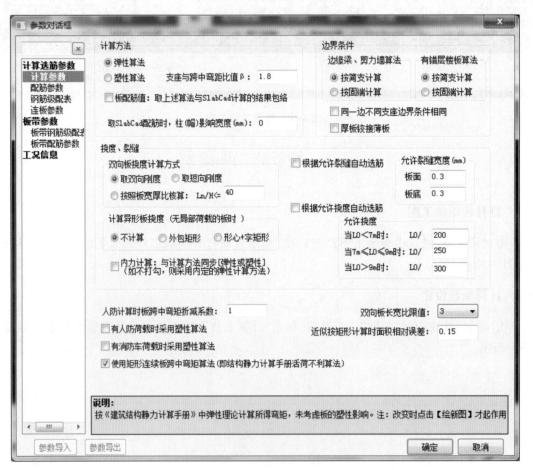

图 4-20 楼板计算配筋参数设置界面

在"挠度、裂缝"中,勾选"根据允许裂缝自动选筋"和"根据允许挠度自动选筋",如图 4-21 所示,单击"确定"。

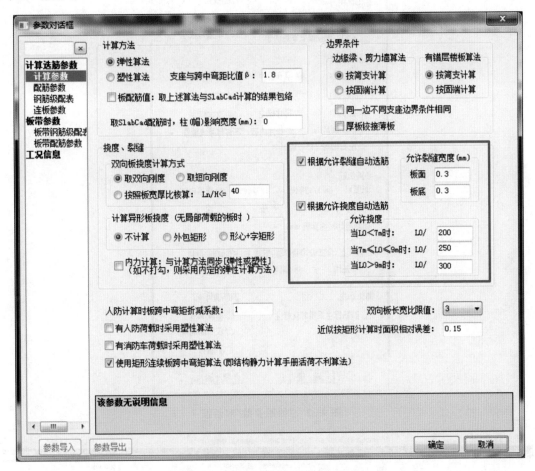

图 4-21 根据允许裂缝、挠度自动选筋

4.3.3 绘图参数设定

单击"设置"选项中的"参数"下拉菜单,单击"绘图参数",弹出"绘图参数"对话框,如图 4-22 所示。在"绘图参数"对话框中可修改绘图相关参数,如果不需要修改,可以不进行设置。设置后单击"确定"。

4.3.4 楼板计算

在"板计算"选项中选择"自动计算",程序自动完成本层所有房间的楼板内力和配筋计算,并显示楼板配筋计算结果,如图 4-23 所示。

4.3.5 查看楼板裂缝图

在"结果"选项中单击"结果查改",弹出"计算结果查询"对话框,如图 4-24 所示。在"计算结果查询"对话框中选择"裂缝",查看本层的裂缝图,如图 4-25 所示。

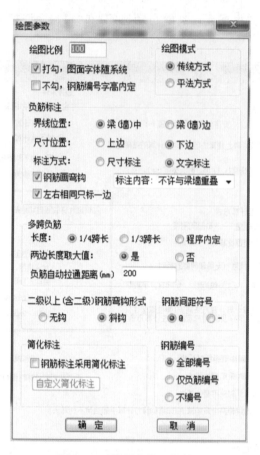

图 4-22 "绘图参数"对话框

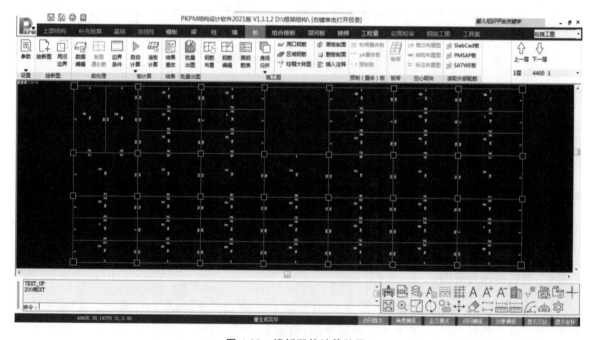

图 4-23 楼板配筋计算结果

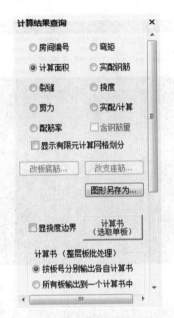

图 4-24 "计算结果查询"对话框

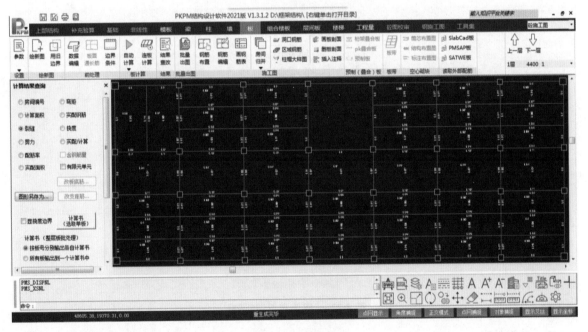

图 4-25 楼板裂缝图

4.3.6 查看楼板挠度图

在"计算结果查询"对话框中选择"挠度",查看本层的挠度图,如图 4-26 所示。

4.3.7 生成楼板钢筋图

在"施工图"选项中单击"钢筋布置",弹出"钢筋布置"对话框,如图 4-27 所示,在"钢筋布置"对话框中单击"全部钢筋",自动生成楼板钢筋图,如图 4-28 所示。

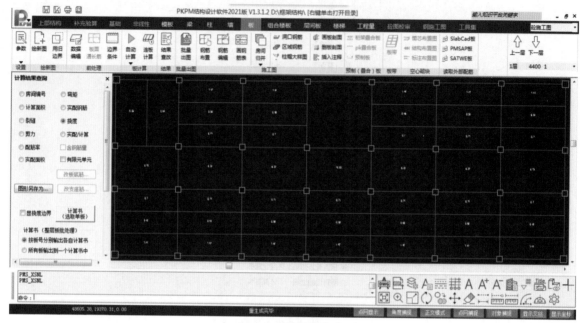

图 4-26　楼板挠度图

图 4-27　"钢筋布置"对话框

4.3.8　画钢筋表

在"施工图"选项中单击"画钢筋表"，程序自动统计该层楼板中的钢筋，并在指定位置绘制楼板钢筋表，如图 4-29 所示。

4.3.9　标注轴线和构件尺寸

在"模板"菜单下的"标注"选项中单击"轴线"，在下拉菜单中选择"自动"，弹出"轴线标注"对话框，在轴线开关中勾选对应的标注方向，单击"确定"，为楼板施工图标注轴线；在"自动标注"中可标注梁尺寸、柱尺寸以及板厚。最终完成的楼板施工图如图 4-30 所示。

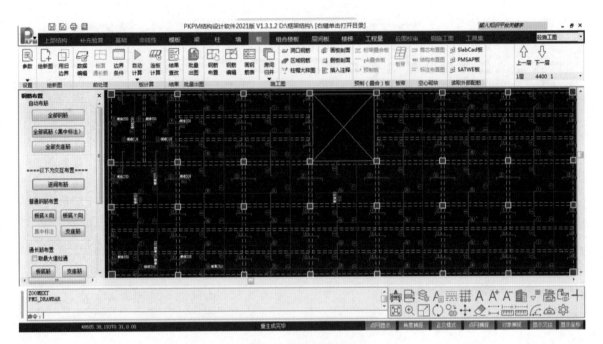

图 4-28 楼板钢筋图

楼板钢筋表

编 号	钢筋简图	规 格	最短长度	最长长度	根数	总长度	重量
①	6000	Φ 8 @ 200	6000	6000	568	3408000	1344.7
②	2000	Φ 8 @ 200	2000	2000	1116	2232000	880.7
③	120 ⌐ 800 ⌐ 105	Φ 8 @ 200	1025	1025	537	550425	217.2
④	105 ⌐ 1400 ⌐ 105	Φ 8 @ 200	1610	1610	297	478170	188.7
⑤	105 ⌐ 1200 ⌐ 105	Φ 8 @ 200	1410	1410	372	524520	207.0
⑥	105 ⌐ 3800 ⌐ 105	Φ 10 @ 200	4010	4010	62	248620	153.3
⑦	3900	Φ 8 @ 200	3900	3900	217	846300	333.9
⑧	120 ⌐ 1300 ⌐ 105	Φ 8 @ 200	1525	1525	71	108275	42.7
⑨	105 ⌐ 2400 ⌐ 105	Φ 8 @ 200	2610	2610	80	208800	82.4
⑩	105 ⌐ 2400 ⌐ 105	Φ 10 @ 200	2610	2610	32	83520	51.5
⑪	3000	Φ 8 @ 200	3000	3000	62	186000	73.4
⑫	120 ⌐ 1100 ⌐ 105	Φ 8 @ 200	1325	1325	63	83475	32.9
⑬	105 ⌐ 1800 ⌐ 105	Φ 8 @ 150	2010	2010	41	82410	32.5
⑭	105 ⌐ 1800 ⌐ 105	Φ 8 @ 200	2010	2010	33	66330	26.2
⑮	105 ⌐ 3800 ⌐ 105	Φ 8 @ 150	4010	4010	164	657640	259.5
⑯	105 ⌐ 2400 ⌐ 105	Φ 8 @ 150	2610	2610	54	140940	55.6
⑰	105 ⌐ 3800 ⌐ 105	Φ 8 @ 150	4010	4010	164	657640	259.5
⑱	105 ⌐ 3800 ⌐ 105	Φ 8 @ 100	4010	4010	60	240600	94.9
⑲	105 ⌐ 3800 ⌐ 105	Φ 10 @ 200	4010	4010	31	124310	76.6
总 重							4413.3

图 4-29 楼板钢筋表

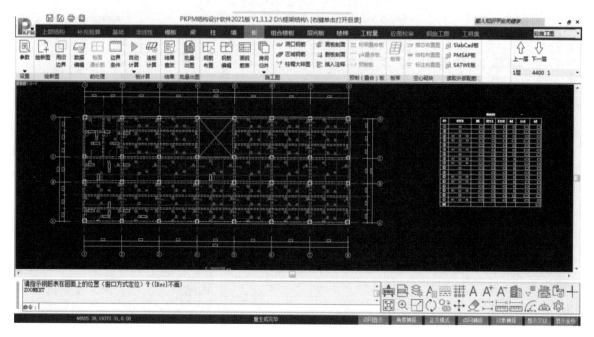

图 4-30 楼板施工图

4.3.10 用不编号方式绘制楼板施工图

前面楼板施工图的绘制采用了钢筋编号方式,还可在"绘图参数"对话框中把"钢筋编号"设置为"不编号",如图 4-31 所示。用不编号方式绘制的楼板施工图如图 4-32 所示。

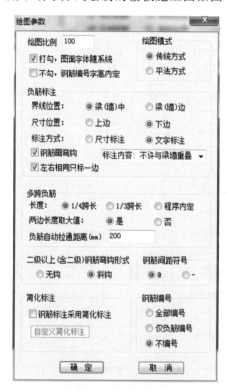

图 4-31 钢筋不编号

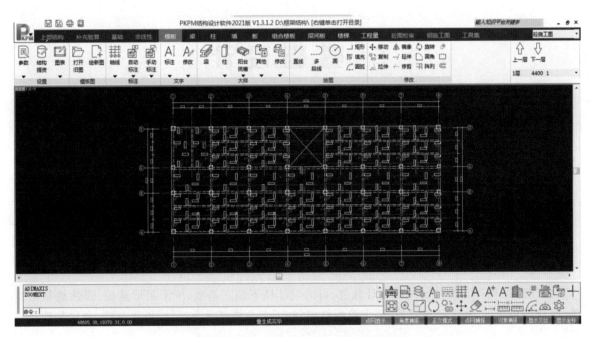

图 4-32 用不编号方式绘制的楼板施工图

5 基础设计

【内容提要】

　　本章主要内容包括基础设计参数输入、荷载输入、柱下独立基础布置、基础平面施工图的绘制。本章教学内容的重点是柱下独立基础参数、荷载的输入，基础的布置以及基础平面施工图的绘制。本章教学内容的难点是附加荷载的输入。

【能力要求】

　　通过本章的学习，学生应熟练掌握基础设计软件的计算和绘图过程，了解软件的计算步骤，理解基础设计中附加荷载的输入以及计算。

　　PKPM结构设计软件的基础设计软件，可以设计柱下独立基础、墙下条形基础、弹性地基梁基础、带肋筏板基础、柱下平板基础、墙下筏板基础、柱下独立桩基承台基础、桩筏基础、单桩基础等。

5.1　基础设计软件概述

5.1.1　基础设计软件的具体操作步骤

　　基础设计软件的具体操作步骤如下：

①地质模型输入；

②基础模型输入；

③分析与设计；

④结果查看；

⑤施工图生成。

5.1.2　基础设计软件的操作流程

　　结合本工程中柱下独立基础介绍基础设计软件的操作流程。

　　①在基础设计软件计算之前，必须完成结构建模与荷载输入和SATWE内力与配筋计算的准备工作。

　　②在基础设计中输入设计参数，根据SATWE荷载和相关基础参数自动生成柱下独立基础，然后单击"退出"。

　　③在基础设计中选择"施工图"，完成柱下独立基础的施工图绘制。

5.2　基础模型设计

单击"基础"菜单或者在右上方单击下拉菜单"基础设计",进入基础模型输入界面,如图 5-1 所示。

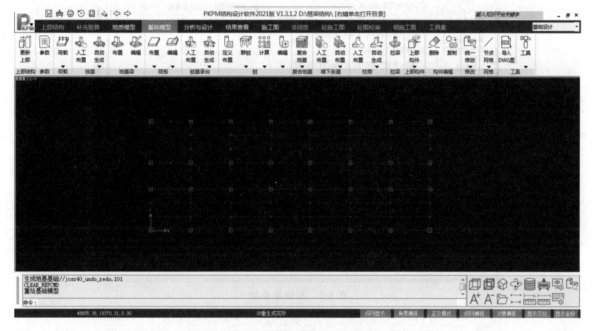

图 5-1　基础模型输入界面

5.2.1　更新上部数据

单击"上部结构"选项中的"更新上部",程序会自动重绘基础模型,生成地基基础。

当已经存在基础模型数据,上部模型构件或荷载信息发生变更,需要重新读取时,可执行该操作。程序会在更新上部模型信息(包括构件、网格节点、荷载等)的同时,保留已有的基础模型信息。

5.2.2　参数输入

单击"参数",弹出"分析和设计参数补充定义"对话框,根据实际工程情况,在"地基承载力"选项卡中修改地基承载力特征值、地基承载力宽度修正系数、地基承载力深度修正系数、确定地基承载力所用的基础埋置深度等参数。总信息参数如图 5-2 所示,荷载参数如图 5-3 所示,地基承载力参数如图 5-4 所示,独基自动布置参数如图 5-5 所示。

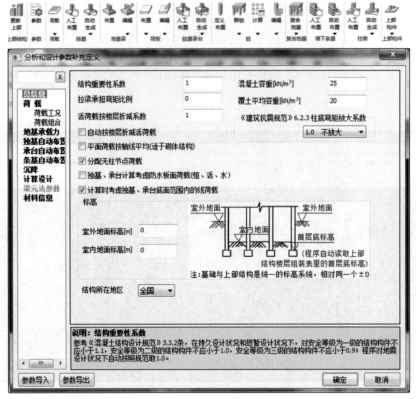

图 5-2　总信息参数

图 5-3　荷载参数

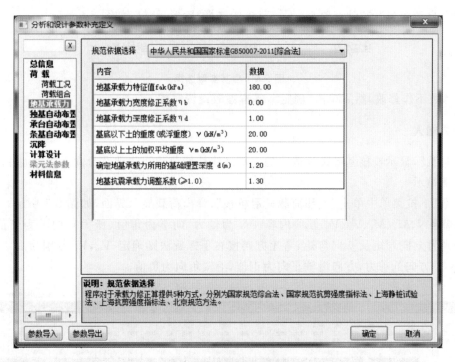

图 5-4　地基承载力参数

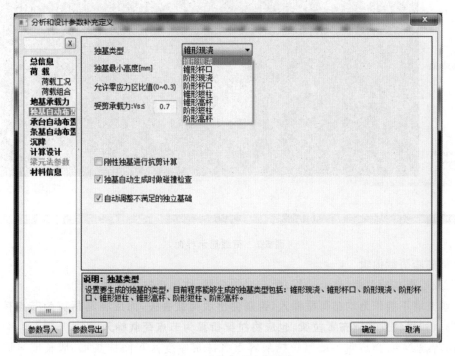

图 5-5　独基自动布置参数

在"独基自动布置"的"独基类型"下拉菜单中选择"阶形现浇",如图5-6所示。

图5-6 独基类型选择

其余参数不作修改,然后单击"确定",基本参数设置完成。

5.2.3 荷载输入

单击"荷载",显示校核基础设计读取的上部结构柱墙荷载及基础设计输入的附加柱墙荷载。

(1)荷载显示

在"荷载"下拉菜单中单击"上部荷载显示校核",弹出荷载显示界面,如图5-7所示。柱下节点荷载通常包括 N、M_x、M_y、V_x、V_y 五项内容。N 为轴力,向下为正值(压力),向上为负值(拉力);M_x,M_y 分别为 x 向弯矩及 y 向弯矩,弯矩方向按右手螺旋法则确定;V_x,V_y 分别为沿 x 轴方向的剪力及沿 y 轴方向的剪力,方向沿轴正向为正值,沿轴负向为负值。

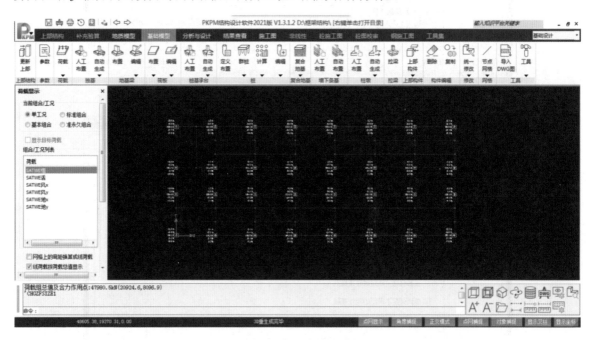

图5-7 荷载显示界面

(2)附加柱墙荷载编辑

附加荷载是指基础上部(地上一层)填充墙的荷载,作用于柱下独立基础。

注意:填充墙不能作为均布荷载输入,否则会出现荷载丢失,而应将其折算为节点荷载直接输入独立基础。如果独立基础布置拉梁,也应将拉梁折算为节点荷载输入。

填充墙荷载 $N=$(砖容重×墙厚+抹灰容重×抹灰厚度×双面抹灰)×墙长度×墙体高度$=\rho l h$,其中墙体高度为底层层高减去梁高。本例中填充墙节点荷载 $N=(10×0.2+17×0.02×2)×9×(3.6-0.6)=72.36(kN)$,取75kN,这里近似按各柱相同输入。

在"荷载"下拉菜单中单击"附加墙柱荷载编辑",弹出附加点荷载输入对话框,如图5-8所示,输入恒载标准值。附加点荷载如图5-9所示。

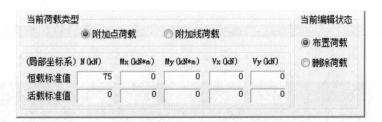

图 5-8 附加点荷载输入对话框

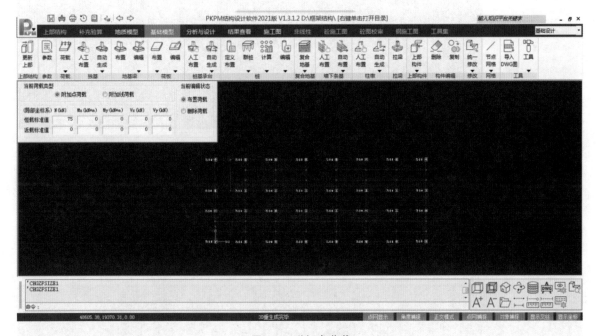

图 5-9 附加点荷载

5.2.4 柱下独基布置

单击"独基"选项中的"自动生成",在下拉菜单中选择"自动优化布置",如图 5-10 所示。按 "Tab"键切换为窗口方式选取。选取所有框架柱,弹出"基础设计参数输入"对话框,程序自动生成柱下独立基础,如图 5-11 所示。在右下角单击"三维着色模式"查看基础布置情况,如图 5-12 所示。

5.2.5 基础文本结果查看

单击"独基"选项中的"自动生成",在下拉菜单中可查看"总验算、计算书"及"单独验算、计算书",如图 5-13 所示。单击"总验算、计算书",自动生成独基的承载力、冲切和剪切计算书,如图 5-14 所示。

5.2.6 基础分析与设计

在"分析与设计"菜单下的"计算"选项中选择"生成数据＋计算设计",程序自动计算基础,计算完成后自动跳转到"结果查看"菜单,如图 5-15 所示。单击"结果查看"菜单,即可查看"承载力校核""配筋""冲剪局压""设计简图"

图 5-10 独基自动
优化布置

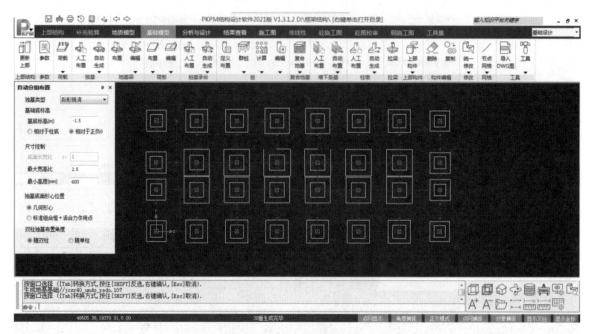

图 5-11　柱下独立基础布置

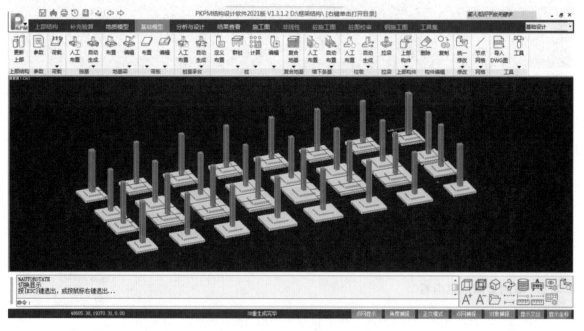

图 5-12　柱下独立基础三维图

等的图形结果。在"文本结果"选项的"计算书"下拉菜单中选择"生成计算书",弹出"计算书设置"对话框,如图 5-16 所示,单击右下角"生成计算书",即可形成完整的计算书,如图 5-17 所示。

图 5-13 基础计算书选项

图 5-14 基础计算书

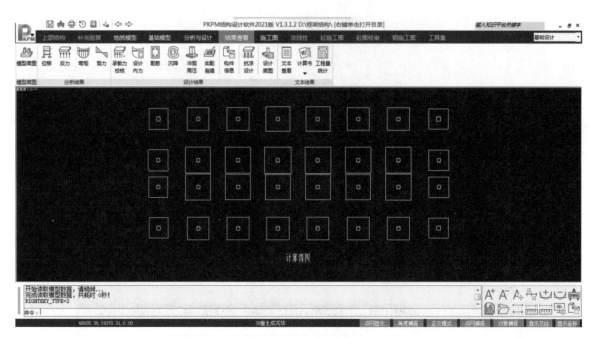

图 5-15 基础计算结果查看

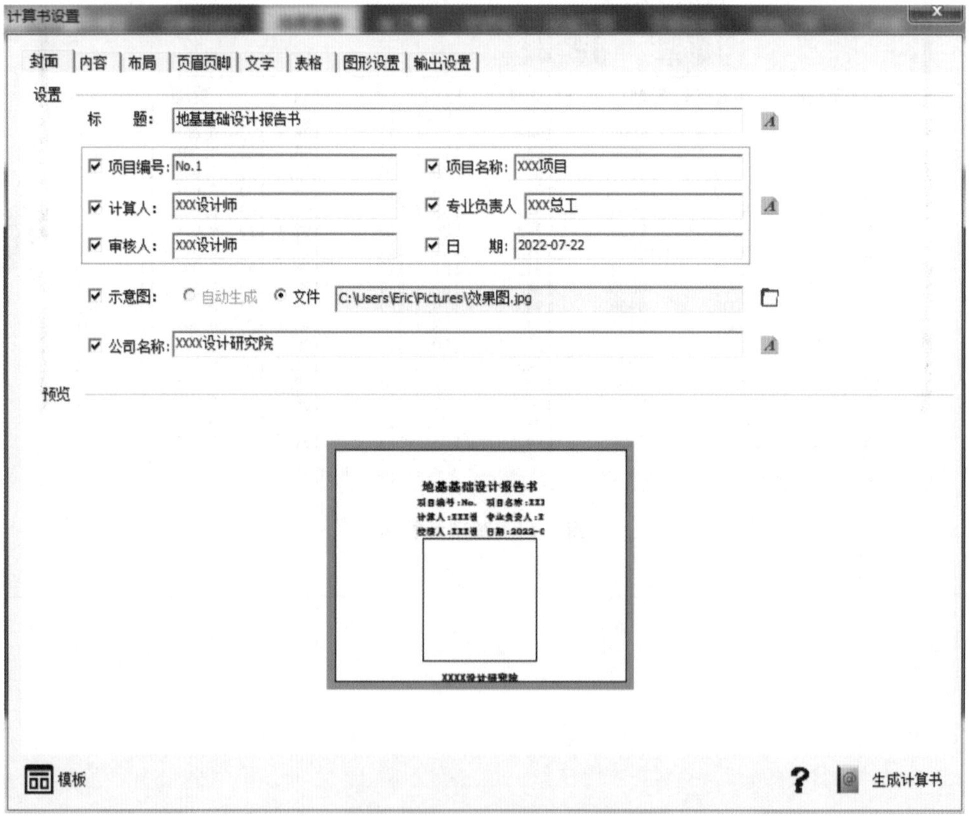

图 5-16 "计算书设置"对话框

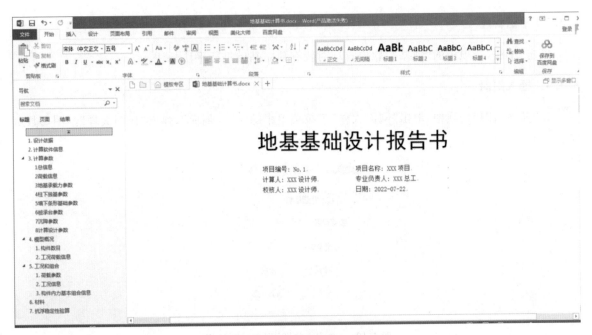

图 5-17　地基基础设计计算书

5.3　施工图绘制

单击"施工图"菜单,进入基础施工图界面。

5.3.1　轴线标注

在"标注"选项中,单击"轴线标注"下拉菜单中的"自动标注",弹出"轴线标注"对话框,如图 5-18 所示,选择轴线标注位置,单击"确定"。

图 5-18　"轴线标注"对话框

5.3.2　尺寸标注

单击"尺寸标注",提示"请选择要标注的构件",将光标移到独立基础的某一边,即可预览相应边的尺寸,单击该边,该尺寸标注完成。用同样的方法完成对其余基础尺寸的标注。

5.3.3 平法标注

单击"平法"选项中的"独基",软件自动对所有独立基础进行平法标注。

5.3.4 插入剖面

在"其他出图"选项中,单击"剖面大样"下拉菜单中的"插入剖面",弹出"详图大样"绘图参数对话框,如图 5-19 所示。

图 5-19 "详图大样"绘图参数对话框

单击"详图大样"绘图参数对话框中的"独基",将大样图放到界面指定的位置。最终完成的基础平面施工图如图 5-20 所示。

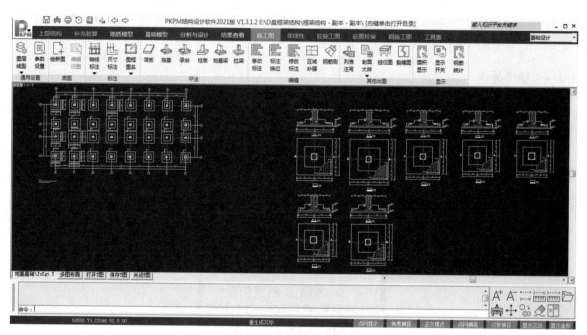

图 5-20 基础平面施工图

6 楼 梯 设 计

【内容提要】

　　本章主要内容包括楼梯交互式数据输入、楼梯钢筋校核、楼梯施工图生成。本章教学内容的重点是楼梯参数输入、楼梯布置。本章教学内容的难点是楼梯钢筋校核。

【能力要求】

　　通过本章的学习,学生应熟练掌握运用 PKPM 软件设计楼梯的过程以及施工图的绘制,了解各种异型楼梯的设计方法。

　　楼梯设计模块采用人机交互方式建立各层楼梯模型,继而完成钢筋混凝土楼梯结构计算、配筋计算及施工图绘制。其适用于单跑、两跑、三跑等梁式或板式楼梯及螺旋楼梯、悬挑楼梯等各种异型楼梯的设计。

　　楼梯设计可从结构建模读取数据,也可独立输入各层楼梯间的轴线以及梁、柱、墙等,然后布置各层楼梯。

　　在 PKPM 主界面单击"楼梯"菜单或者在右上角单击下拉菜单选择"楼梯设计",进入楼梯设计程序主菜单,如图 6-1 所示。

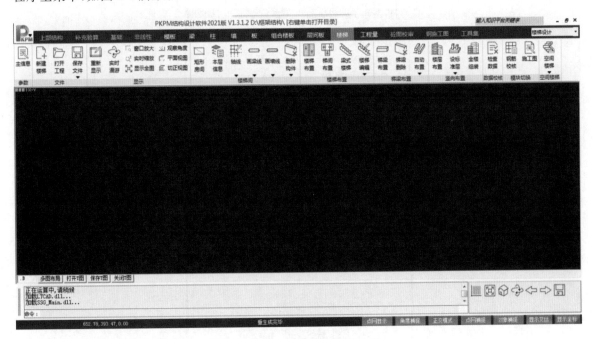

图 6-1　楼梯设计菜单

普通楼梯设计的操作步骤为:

①交互式数据输入;

②楼梯钢筋校核;

③楼梯施工图生成。

6.1 交互式数据输入

楼梯设计数据包括两部分：第一部分是楼梯间数据，包括楼梯间的轴线尺寸，其周边的墙、梁、柱及门窗洞口的布置，总层数及层高；第二部分是楼梯布置数据，包括楼梯板、楼梯梁和楼梯基础等信息。

6.1.1 输入主信息

单击"参数"选项中的"主信息"，弹出"LTCAD 参数输入"对话框。"楼梯主信息一"选项卡如图 6-2 所示，"楼梯主信息二"选项卡如图 6-3 所示。

（1）楼梯主信息一

①施工图纸规格。规格有 1 号、2 号、3 号。若需加长图纸，可填写 2.5,2.25 等。

②楼梯平面图比例。

③楼梯剖面图比例。

④楼梯配筋图比例。

⑤X 向尺寸线标注位置。1 在上，2 在下。

⑥Y 向尺寸线标注位置。

⑦总尺寸线留宽。

⑧踏步等分。是填 0，否填 1。

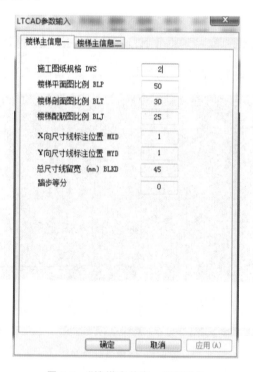

图 6-2 "楼梯主信息一"选项卡

（2）楼梯主信息二

①楼梯板装修荷载。

②楼梯板活载。

③楼梯板砼强度等级。

④楼梯板受力主筋级别。

⑤休息平台板厚度。整个休息平台取一个厚度。

⑥楼梯板负筋折减系数。隐含值为0.8。

⑦楼梯板宽。按照实际情况输入。

⑧楼梯板厚。默认100mm,按实际情况计算调整。

⑨梁式楼梯梁高,梁式楼梯梁宽。选中"是梁式楼梯"后设置梁式楼梯边梁梁高和梁宽。

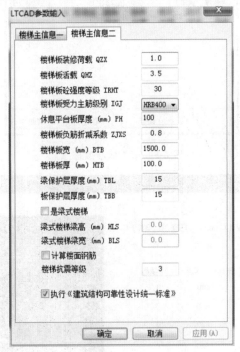

图6-3 "楼梯主信息二"选项卡

6.1.2 新建楼梯工程

单击"文件"选项中的"新建楼梯",弹出"新建楼梯工程"对话框,如图6-4所示。选择"手工输入楼梯间",输入楼梯文件名,单击"确认",建立楼梯间。

图6-4 "新建楼梯工程"对话框

6.1.3 输入楼梯间信息

(1)矩形房间

在"楼梯间"选项中单击"矩形房间",弹出第1标准层信息,如图6-5所示,根据实际工程进行修改,修改后单击"确定",弹出"矩形梯间输入"对话框,如图6-6所示。该操作为简便输入楼梯间信息的方式,在对话框中输入上、下、左、右各边界数据,程序会自动生成一个房间和相应轴线,简化了建立房间的过程。

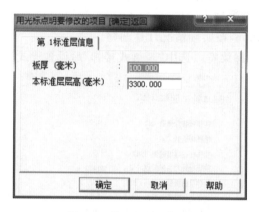

图 6-5 第 1 标准层信息

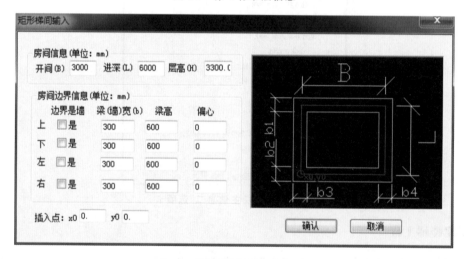

图 6-6 "矩形梯间输入"对话框

(2)墙布置

在房间四周布置200mm厚的墙。

6.1.4 楼梯布置

房间布置完成后,进行楼梯布置,单击图中的楼梯类型,自动弹出"请选择楼梯布置类型"对话框,如图6-7所示。

共有13种楼梯布置类型可供选择,本例选择"平行两跑楼梯",然后弹出平行两跑楼梯智能设计对话框,如图6-8所示。单击"显示"选项中的"实时漫游",可以显示楼梯实时漫游状态,如图6-9所示。

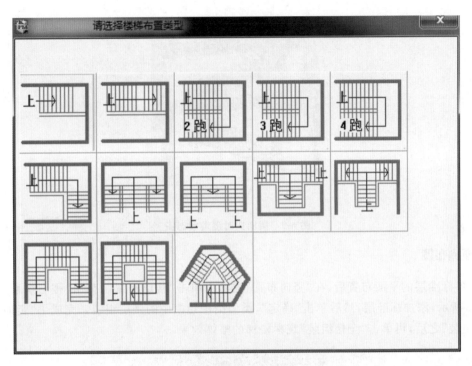

图 6-7 "请选择楼梯布置类型"对话框

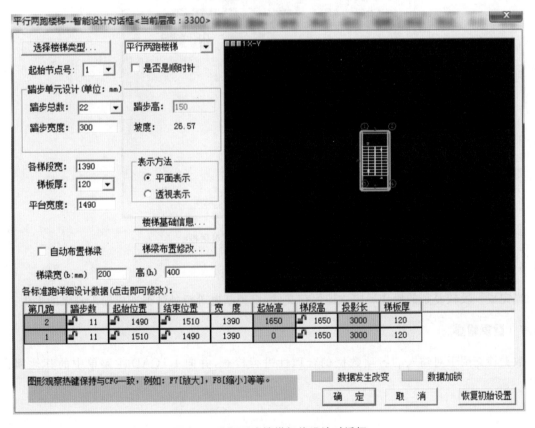

图 6-8 平行两跑楼梯智能设计对话框

图 6-9　楼梯实时漫游状态图

6.1.5　坚向布置

完成各标准层的平面布置后,在"竖向布置"选项中单击"楼层布置",弹出"楼层组装"对话框,如图 6-10 所示,添加标准层,然后单击"确定",类似结构建模中的楼层组装。完成了"竖向布置"中的"楼层组装"之后,可单击"全楼组装"观察楼梯的整体效果。

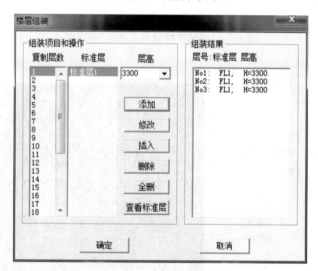

图 6-10　楼梯"楼层组装"对话框

6.1.6　文件保存

当完成一段较复杂的操作后应立即保存文件,以免断电等意外情况造成输入成果的丢失。

6.1.7　数据检查

数据检查用于对输入的各项数据的合理性进行检查,并向 LTCAD 主菜单中的其他项传递数据。

6.2 钢 筋 校 核

"模块切换"选项包括"钢筋校核"和"施工图"两个部分。本节将详细介绍楼梯钢筋校核。

6.2.1 配筋计算及修改

单击"钢筋校核"后,界面上显示所选梯跑的配筋和受力图,如图 6-11 所示。

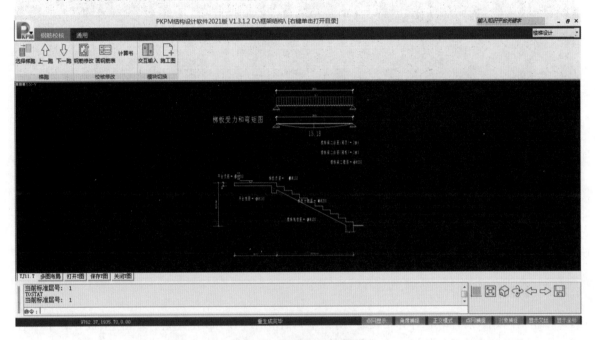

图 6-11 楼梯钢筋计算图

程序提供了通过对话框修改钢筋的方式,如图 6-12 所示。

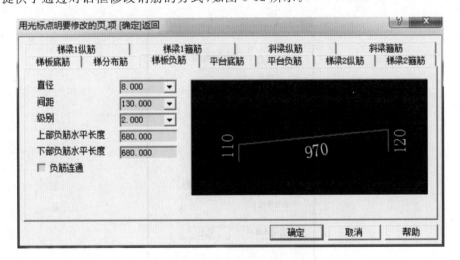

图 6-12 对话框修改钢筋

6.2.2 画钢筋表

单击"画钢筋表"后，界面上会将统计的所有钢筋详细列表显示出来，如图 6-13 所示。

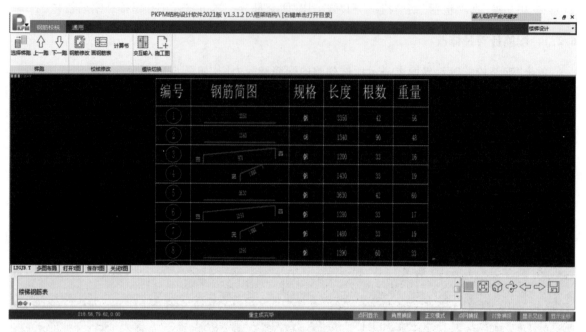

图 6-13 楼梯钢筋表

6.2.3 生成计算书

单击"计算书"后，弹出"计算书设置"对话框，如图 6-14 所示，设置完后单击"生成计算书"，程序会自动根据目前的楼梯数据生成楼梯计算书，如图 6-15 所示。计算书内容包括三部分：荷载和受力计算、配筋面积计算、配筋结果。

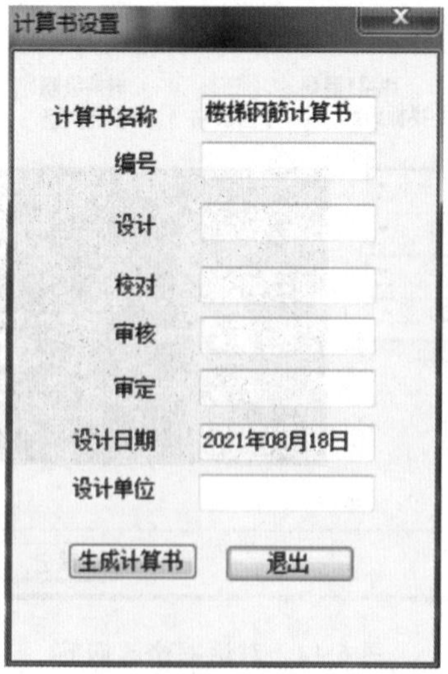

图6-14 楼梯"计算书设置"对话框

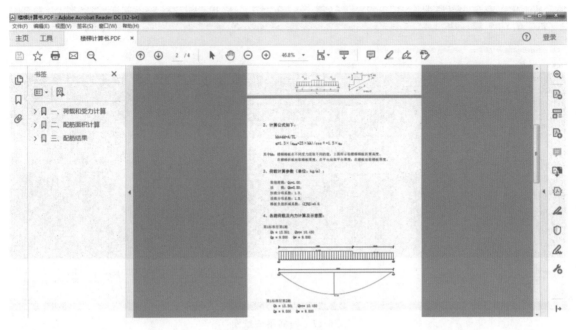

图 6-15 楼梯计算书

6.3 楼梯施工图生成

经过钢筋校核后进入施工图模块,施工图模块包含五部分内容:平面图、平法绘图、立面图、配筋图、图形合并。进入楼梯施工图模块后,程序默认显示第 1 标准层楼梯平面图。本例中部分施工图如图 6-16~图 6-18 所示。

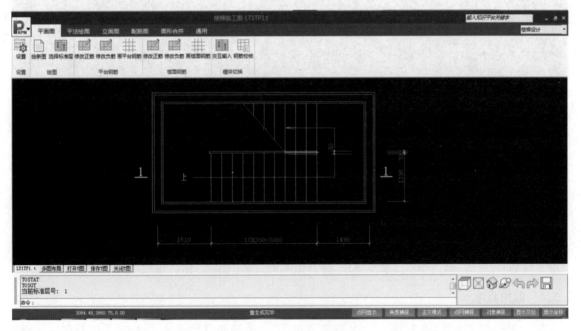

图 6-16 楼梯平面图

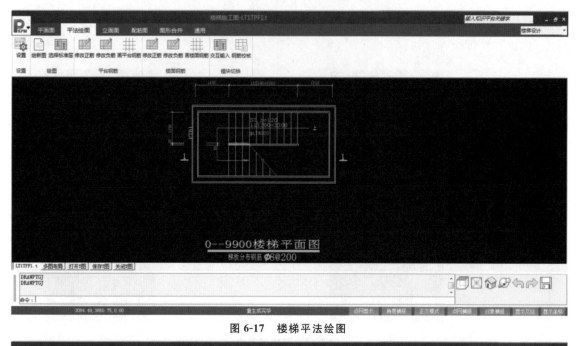

图 6-17　楼梯平法绘图

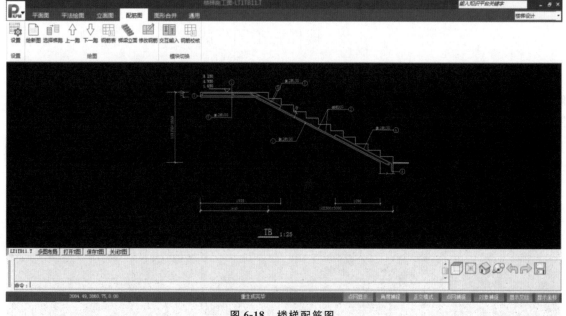

图 6-18　楼梯配筋图

6.3.1　图形合并

图形合并是将前面生成的平面图、立面图、配筋图按需归并到一张图上。先在窗口中点取各图的图形文件名,再单击"插入图形",显示该图,将其拖动到合适的位置,依次排列,形成一张楼梯施工图。

6.3.2　退出程序

施工图绘制完成后,单击"返回",回到主菜单,整个楼梯的设计完成。单击"关闭程序",即退出楼梯设计程序。

附录 1　混凝土框架结构计算书

　　本工程为 6 层钢筋混凝土框架结构,计算完成后,整理了一份结构计算书。这份计算书可供设计、校对、审核使用,也可供施工图审查使用,最后归档存查。计算书包括计算信息、各标准层构件断面图、各标准层荷载平面图、各标准层配筋平面图、底层柱图、墙最大组合内力图等,仅供参考。图文目录如附表 1-1 所示,具体图见附图 1-2~附图 1-12。

附表 1-1 　　　　　　　　　　　　　　　　　图文目录

序号	图文号	图文名称
1	附录 1.1	结构设计信息(WMASS. OUT)
2	附录 1.2	周期 振型 地震力(WZQ. OUT)
3	附录 1.3	结构位移(WDISP. OUT)
4	附图 1-1	第 1~6 层结构平面布置图
5	附图 1-2	第 1~5 层梁、墙、柱节点输入及楼面荷载平面图
6	附图 1-3	第 6 层梁、墙、柱节点输入及楼面荷载平面图
7	附图 1-4	第 1 层混凝土构件配筋及钢构件应力比简图
8	附图 1-5	第 2 层混凝土构件配筋及钢构件应力比简图
9	附图 1-6	第 3 层混凝土构件配筋及钢构件应力比简图
10	附图 1-7	第 4 层混凝土构件配筋及钢构件应力比简图
11	附图 1-8	第 5 层混凝土构件配筋及钢构件应力比简图
12	附图 1-9	第 6 层混凝土构件配筋及钢构件应力比简图
13	附图 1-10	第 1~5 层现浇板面积图
14	附图 1-11	第 6 层现浇板面积图
15	附图 1-12	底层柱、墙内力(恒载、活载基本组合)简图

附录1.1 结构设计信息(WMASS.OUT)

```
///////////////////////////////////////////////////////////////////
|公司名称:                                                          |
|                                                                   |
|                        建筑结构的总信息                            |
|                     SATWE2021_V1.3.1中文版                         |
|                  (2022年6月16日12时2分)                           |
|                      文件名:WMASS.OUT                             |
|                                                                   |
|工程名称:              设计人:              计算日期:2022/07/11 |
|工程代号:              校核人:              计算时间:21:20:25   |
///////////////////////////////////////////////////////////////////
```

总信息 ··

结构材料信息:钢混凝土结构

混凝土容重（kN/m³）:Gc＝26.00

钢材容重（kN/m³）:Gs＝78.00

是否扣除构件重叠质量和重量:否

是否自动计算现浇楼板自重:是

水平力的夹角(Degree):ARF＝0.00

地下室层数:MBASE＝0

竖向荷载计算信息:按模拟施工1加荷计算

风荷载计算信息:计算X,Y两个方向的风荷载

地震力计算信息:计算X,Y两个方向的地震力

"规定水平力"计算方法:楼层剪力差方法(规范方法)

结构类别:框架结构

裙房层数:MANNEX＝0

转换层所在层号:MCHANGE＝0

嵌固端所在层号:MQIANGU＝1

墙元细分最大控制长度(m):DMAX＝1.00

弹性板细分最大控制长度(m):DMAX_S＝1.00

是否对全楼强制采用刚性楼板假定:否

墙梁跨中节点作为刚性楼板的从节点:是

墙倾覆力矩的计算方法:考虑墙的所有内力贡献

墙偏心的处理方式:传统移动节点方式

高位转换结构等效侧向刚度比采用高规附录E:否

梁板顶面是否对齐:否

是否带楼梯计算:否

框架连梁按壳元计算控制跨高比:0.00
墙梁转框架梁的控制跨高比:0.00
结构所在地区:全国
楼板按有限元方式进行面外设计:否

多模型及包络

采用指定的刚重比计算模型:否

风荷载信息

修正后的基本风压（kN/m^2）:WO=0.40
风荷载作用下舒适度验算风压（kN/m^2）:WOC=0.40
地面粗糙程度:B 类
结构 X 向基本周期(秒):Tx=1.04
结构 Y 向基本周期(秒):Ty=0.94
是否考虑顺风向风振:是
风荷载作用下结构的阻尼比(%):WDAMP=5.00
风荷载作用下舒适度验算阻尼比(%):WDAMPC=2.00
是否计算横风向风振:否
是否计算扭转风振:否
承载力设计时风荷载效应放大系数:WENL=1.00
体形变化分段数:MPART=1
各段最高层号:NSTI=6
各段体形系数(X):USIX=1.30
各段体形系数(Y):USIY=1.30
设缝多塔背风面体型系数:USB=0.50

地震信息

结构规则性信息:不规则
振型组合方法(CQC 耦联;CCQC 耦联):CQC
特征值分析方法:子空间迭代法
是否由程序自动确定振型数:否
计算振型数:NMODE=15
地震烈度:NAF=7.00
场地类别:KD=Ⅱ
设计地震分组:一组
特征周期:TG=0.35
地震影响系数最大值:Rmax1=0.080
用于 12 层以下规则混凝土框架结构薄弱层验算的地震影响系数最大值:Rmax2=0.500
框架的抗震等级:NF=3
剪力墙的抗震等级:NW=3

钢框架的抗震等级:NS=3

抗震构造措施的抗震等级:NGZDJ=不改变

悬挑梁默认取框架梁抗震等级:否

按抗规(6.1.3-3)降低嵌固端以下抗震构造措施的抗震等级:否

周期折减系数:TC=0.80

结构的阻尼比(%):DAMP=5.00

是否考虑偶然偏心:是

偶然偏心考虑方式:相对于投影长度

X 向相对偶然偏心:ECCEN_X=0.05

Y 向相对偶然偏心:ECCEN_Y=0.05

是否考虑双向地震扭转效应:否

是否考虑最不利方向水平地震作用:否

按主振型确定地震内力符号:否

斜交抗侧力构件方向的附加地震数:NADDDIR=0

工业设备的反应谱方法底部剪力占规范简化方法底部剪力的最小比例:SeisCoef=1.00

活荷载信息

考虑活荷载不利布置的层数:从第 1 到 6 层

考虑结构使用年限的活荷载调整系数:FACLD=1.00

考虑楼面活荷载折减方式:传统方式

柱、墙活荷载是否折减:不折减

传到基础的活荷载是否折减:折减

柱,墙,基础活荷载折减系数:

计算截面以上的层数	折减系数
1	1.00
2～3	0.85
4～5	0.70
6～8	0.65
9～20	0.60
＞20	0.55

梁楼面活荷载折减设置:不折减

墙、柱设计时消防车荷载是否考虑折减:是

柱、墙设计时消防车荷载折减系数:1.00

梁设计时消防车荷载是否考虑折减:是

二阶效应

结构内力分析方法:一阶弹性设计方法

考虑 P-DELTA 效应方法:不考虑

柱计算长度系数是否设置为 1:否

是否考虑结构整体缺陷:否

是否考虑结构构件缺陷:否

调整信息 ....

楼板作为翼缘对梁刚度的影响方式:梁刚度放大系数按 2010 规范取值

托墙梁刚度放大系数:BK_TQL=1.00

梁端负弯矩调幅系数:BT=0.85

梁端弯矩调幅方法:通过竖向构件判断调幅梁支座

梁活荷载内力放大系数:BM=1.00

梁扭矩折减系数:TB=0.40

支撑按柱设计临界角度(Deg):ABr2Col=20.00

地震工况连梁刚度折减系数:BLZ=0.60

风荷载工况连梁刚度折减系数:BLZW=1.00

是否采用 SAUSAGE-CHK 计算连梁刚度折减系数:否

地震位移计算不考虑连梁刚度折减:否

柱实配钢筋超配系数:CPCOEF91=1.15

墙实配钢筋超配系数:CPCOEF91_W=1.15

全楼地震力放大系数:RSF=1.00

0.2Vo 调整方式:alpha * Vo 和 beta * Vmax 两者取小

0.2Vo 调整中 Vo 的系数:alpha=0.20

0.2Vo 调整中 Vmax 的系数:beta=1.50

0.2Vo 调整分段数:VSEG=0

0.2Vo 调整上限:KQ_L=2.00

是否调整与框支柱相连的梁内力:否

框支柱调整上限:KZZ_L=5.00

框支剪力墙结构底部加强区剪力墙抗震等级是否自动提高一级:是

是否按抗震规范 5.2.5 调整楼层地震力:是

扭转效应是否明显:否

是否采用自定义楼层最小剪力系数:否

弱轴方向的动位移比例因子:XI1=0.00

强轴方向的动位移比例因子:XI2=0.00

薄弱层判断方式:按高规和抗规从严判断

受剪承载力薄弱层是否自动调整:否

判断薄弱层所采用的楼层刚度算法:地震剪力比地震层间位移算法

强制指定的薄弱层个数:NWEAK=0

薄弱层地震内力放大系数:WEAKCOEF=1.25

强制指定的加强层个数:NSTREN=0

钢管束墙混凝土刚度折减系数:GGSH_CONC=1.00

转换结构构件(三、四级)的水平地震作用效应放大系数:1.00

设计信息 ··

结构重要性系数:RWO＝1.00

钢柱计算长度计算原则(X向/Y向):有侧移/有侧移

梁端在梁柱重叠部分简化:不作为刚域

柱端在梁柱重叠部分简化:不作为刚域

是否考虑钢梁刚域:否

柱长细比执行《高钢规》(JGJ 99—2015)第7.3.9条:否

柱配筋计算原则:按单偏压计算

柱双偏压配筋方式:普通方式

钢构件截面净毛面积比:RN＝0.85

梁按压弯计算的最小轴压比:UcMinB＝0.15

梁保护层厚度(mm):BCB＝20.00

柱保护层厚度(mm):ACA＝20.00

剪力墙构造边缘构件的设计执行高规7.2.16-4:是

框架梁端配筋考虑受压钢筋:是

结构中的框架部分轴压比限值按纯框架结构的规定采用:否

当边缘构件轴压比小于抗规6.4.5条规定的限值时一律设置构造边缘构件:是

是否按混凝土规范B.0.4考虑柱二阶效应:否

执行高规5.2.3-4条主梁弯矩按整跨计算:否

执行高规5.2.3-4条的梁对象:主次梁均执行

柱剪跨比计算原则:简化方式

过渡层个数:0

墙柱配筋采用考虑翼缘共同工作的设计方法:否

执行《混规》第9.2.6.1条有关规定:否

执行《混规》第11.3.7条有关规定:否

圆钢管混凝土构件设计执行规范:《高规》(JGJ—2010)

方钢管混凝土构件设计执行规范:《组合结构设计规范》(JGJ 138—2016)

型钢混凝土构件设计执行规范:《组合结构设计规范》(JGJ 138—2016)

异形柱设计执行规范:《混凝土异形柱结构技术规程》(JGJ 149—2017)

钢结构设计执行规范:《钢结构设计标准》(GB 50017—2017)

是否执行建筑结构可靠度设计统一标准:是

是否执行建筑与市政工程抗震通用规范:否

是否执行建筑钢结构防火技术规范:否

材料信息 ··

梁主筋强度（N/mm²）:IB＝360

梁箍筋强度（N/mm²）:JB＝360

柱主筋强度（N/mm²）:IC＝360

柱箍筋强度（N/mm²）:JC＝360

墙主筋强度（N/mm²）:IW＝360

墙水平分布筋强度（N/mm²）:FYH＝270

墙竖向分布筋强度（N/mm²）:FYW＝270

边缘构件箍筋强度（N/mm²）:JWB＝270

梁箍筋最大间距（mm）:SB＝100.00

柱箍筋最大间距（mm）:SC＝100.00

墙水平分布筋最大间距（mm）：SWH＝200.00

墙竖向分布筋配筋率（%）：RWV＝0.30

墙最小水平分布筋配筋率（%）：RWHMIN＝0.00

梁抗剪配筋采用交叉斜筋时,箍筋与对角斜筋的配筋强度比:RGX＝1.00

荷载组合信息 ···

是否计算水平地震:是

是否计算竖向地震:否

是否计算普通风:是

是否计算特殊风:否

是否计算温度荷载:否

是否计算吊车荷载:否

地震与风同时组合：否

屋面活荷载是否与雪荷载和风荷载同时组合:是

自动添加自定义工况组合:是

自定义工况组合方式:叠加

恒载分项系数:CDEAD＝1.30

活载分项系数:CLIVE＝1.50

风荷载分项系数:CWIND＝1.50

水平地震力分项系数:CEA_H＝1.30

活荷载的组合值系数:CD_L＝0.70

风荷载的组合值系数:CD_W＝0.60

重力荷载代表值效应的活荷载组合值系数:CEA_L＝0.50

地下信息 ···

室外地面相对于结构底层底部的高度(m):Hsoil＝0.00

土的 X 向水平抗力系数的比例系数(MN/m⁴):MX＝3.00

土的 Y 向水平抗力系数的比例系数(MN/m⁴):MY＝3.00

地面处回填土 X 向刚度折减系数:RKX＝0.00

地面处回填土 Y 向刚度折减系数:RKY＝0.00

性能设计信息 ···

按照全国《高规》进行性能设计:否

高级参数 ....

  计算软件信息：64 位

  线性方程组解法：PARDISO

  地震作用分析方法：总刚分析方法

  位移输出方式：简单输出

  是否生成传基础刚度：否

  保留分析模型上自定义的风荷载：否

  采用自定义范围统计指标：否

  位移指标统计时考虑斜柱：否

  采用自定义位移指标统计节点范围：否

  按框架梁建模的连梁混凝土等级默认同墙：否

  二道防线调整时，调整与框架柱相连的框架梁端弯矩、剪力：是

  薄弱层地震内力调整时不放大构件轴力：否

  剪切刚度计算时考虑柱刚域影响：否

  短肢墙判断时考虑相连墙肢厚度影响：否

  刚重比验算考虑填充墙刚度影响：否

  剪力墙端柱的面外剪力统计到框架部分：否

  按构件内力累加方式计算层指标：否

剪力墙底部加强区的层和塔信息 ....

层号	塔号
1	1

用户指定薄弱层的层和塔信息 ....

层号	塔号

用户指定加强层的层和塔信息 ....

层号	塔号

约束边缘构件与过渡层的层和塔信息 ....

层号	塔号	类别
1	1	约束边缘构件层
2	1	约束边缘构件层

```
* * * * * * * * * * * * * * * * * * * * * * * * * * * * * * *
*                   各层的质量、质心坐标信息                    *
* * * * * * * * * * * * * * * * * * * * * * * * * * * * * * *
```

层号	塔号	质心 X	质心 Y	质心 Z (m)	恒载质量 (t)	活载质量 (t)	附加质量 (t)	质量比
6	1	21.000	7.950	20.900	705.1	17.0	0.0	0.81
5	1	20.891	8.132	17.600	814.0	75.5	0.0	1.00
4	1	20.891	8.132	14.300	814.0	75.5	0.0	1.00
3	1	20.891	8.132	11.000	814.0	75.5	0.0	1.00
2	1	20.891	8.132	7.700	814.0	75.5	0.0	1.01
1	1	20.890	8.149	4.400	807.1	75.5	0.0	1.00

活载产生的总质量(t):394.436

恒载产生的总质量(t):4768.042

附加总质量(t):0.000

结构的总质量(t):5162.479

恒载产生的总质量包括结构自重和外加恒载

结构的总质量包括恒载产生的质量和活载产生的质量和附加质量

活载产生的总质量和结构的总质量是活载折减后的结果（1t＝1000kg）

```
* * * * * * * * * * * * * * * * * * * * * * * * * * * * * * *
*                各层构件数量、构件材料和层高                    *
* * * * * * * * * * * * * * * * * * * * * * * * * * * * * * *
```

层号 (标准层号)	塔号	梁元数 (混凝土/主筋/箍筋)	柱元数 (混凝土/主筋/箍筋)	墙元数 (混凝土/主筋/水平筋/竖向筋)	层高 (m)	累计高度 (m)
1(1)	1	109(30/360/360)	32(30/360/360)	0(30/360/270/270)	4.400	4.400
2(2)	1	109(30/360/360)	32(30/360/360)	0(30/360/270/270)	3.300	7.700
3(2)	1	109(30/360/360)	32(30/360/360)	0(30/360/270/270)	3.300	11.000
4(2)	1	109(30/360/360)	32(30/360/360)	0(30/360/270/270)	3.300	14.300
5(2)	1	109(30/360/360)	32(30/360/360)	0(30/360/270/270)	3.300	17.600
6(3)	1	112(30/360/360)	32(30/360/360)	0(30/360/270/270)	3.300	20.900

```
* * * * * * * * * * * * * * * * * * * * * * * * * * * * * * * * * *
*                        风荷载信息                                 *
* * * * * * * * * * * * * * * * * * * * * * * * * * * * * * * * * *
```

层号	塔号	风荷载 X	剪力 X	倾覆弯矩 X	风荷载 Y	剪力 Y	倾覆弯矩 Y
6	1	59.01	59.0	194.7	150.69	150.7	497.3
5	1	53.54	112.6	566.2	136.26	287.0	1444.2
4	1	47.83	160.4	1095.4	122.10	409.1	2794.1
3	1	42.01	202.4	1763.3	107.57	516.6	4499.0
2	1	37.80	240.2	2556.0	97.25	613.9	6524.8
1	1	45.65	285.8	3813.7	118.27	732.1	9746.2

```
=================================================================
```

各楼层偶然偏心信息

```
=================================================================
```

层号	塔号	X 向偏心	Y 向偏心
1	1	0.05	0.05
2	1	0.05	0.05
3	1	0.05	0.05
4	1	0.05	0.05
5	1	0.05	0.05
6	1	0.05	0.05

```
=================================================================
```

各楼层等效尺寸

```
=================================================================
```

层号	塔号	面积 (m²)	形心 X	形心 Y	等效宽 B (m)	等效高 H (m)	最大宽 BMAX (m)	最小宽 BMIN (m)
1	1	631.80	21.00	7.67	43.16	15.73	43.16	15.73
2	1	631.80	21.00	7.67	43.16	15.73	43.16	15.73
3	1	631.80	21.00	7.67	43.16	15.73	43.16	15.73
4	1	631.80	21.00	7.67	43.16	15.73	43.16	15.73
5	1	631.80	21.00	7.67	43.16	15.73	43.16	15.73
6	1	667.80	21.00	7.95	42.00	15.90	42.00	15.90

```
* * * * * * * * * * * * * * * * * * * * * * * * * * * * * * * * * * * * * * * * *
*                        各层的柱、墙面积信息                                    *
* * * * * * * * * * * * * * * * * * * * * * * * * * * * * * * * * * * * * * * * *
```

层号	塔号	楼层面积(m²)	柱面积(比例)	墙面积(比例)	X 向墙面积 (比例)	Y 向墙面积 (比例)
1	1	631.80	8.44(1.34%)	0.00(0.00%)	0.00(0.00%)	0.00(0.00%)
2	1	631.80	8.44(1.34%)	0.00(0.00%)	0.00(0.00%)	0.00(0.00%)
3	1	631.80	8.44(1.34%)	0.00(0.00%)	0.00(0.00%)	0.00(0.00%)
4	1	631.80	8.44(1.34%)	0.00(0.00%)	0.00(0.00%)	0.00(0.00%)
5	1	631.80	8.44(1.34%)	0.00(0.00%)	0.00(0.00%)	0.00(0.00%)
6	1	667.80	8.44(1.26%)	0.00(0.00%)	0.00(0.00%)	0.00(0.00%)

===
各楼层的单位面积质量分布
===

层号	塔号	单位面积质量 $g[i]$(kg/m²)	质量比 $\max(g[i]/g[i-1], g[i]/g[i+1])$
1	1	1396.96	1.00
2	1	1407.79	1.01
3	1	1407.79	1.00
4	1	1407.79	1.00
5	1	1407.79	1.30
6	1	1081.33	1.00

===
计算信息
===

工程文件名:KJ

计算日期:2022.7.11

开始时间:21:20:25

机器内存:3991.0MB

可用内存:1665.0MB

结构总出口自由度:1170

结构总自由度:1170

第一步:数据预处理

第二步:计算结构质量、刚度、刚心等信息

第三步:结构整体有限元分析

　＊结构有限元分析:一般工况

第四步:计算构件内力

结束日期:2022.07.11

结束时间:21:20:28

总用时:0:0:3

==

各层刚心、偏心率、相邻层侧移刚度比等计算信息

==

Floor No：层号

Tower No：塔号

Xstif,Ystif：刚心的 X,Y 坐标值

Alf ：层刚性主轴的方向

Xmass,Ymass：质心的 X,Y 坐标值

Gmass：总质量

Eex,Eey：X,Y 方向的偏心率

Ratx,Raty：X,Y 方向本层塔侧移刚度与下一层相应塔侧移刚度的比值(剪切刚度)

Ratx1,Raty1：X,Y 方向本层塔侧移刚度与上一层相应塔侧移刚度 70%的比值或上三层平均
　　　　　　侧移刚度 80%的比值中的较小者(《抗规》刚度比)

Ratx2,Raty2：X,Y 方向的刚度比。对于非广东地区分框架结构和非框架结构,框架结构刚
　　　　　　度比与《抗规》类似,非框架结构为考虑层高修正的刚度比;对于广东地区为考
　　　　　　虑层高修正的刚度比(《高规》刚度比)

RJX1,RJY1,RJZ1：结构总体坐标系中塔的侧移刚度和扭转刚度(剪切刚度)

RJX3,RJY3,RJZ3：结构总体坐标系中塔的侧移刚度和扭转刚度(地震剪力与地震层间位移
　　　　　　的比)

==

Floor No. 1　　　　　　　Tower No. 1

Xstif=21.0000(m)　　　　Ystif=7.9500(m)　　　　Alf=0.0000(Degree)

Xmass=20.8898(m)　　　　Ymass=8.1488(m)　　　　Gmass(活荷折减)=958.0869(882.5968)(t)

Eex=0.0069　　　　　　　Eey=0.0124

Ratx=1.0000　　　　　　　Raty=1.0000

Ratx1=0.9176　　　　　　Raty1=1.0592

Ratx2=0.9176　　　　　　Raty2=1.0592

薄弱层地震剪力放大系数=1.25

RJX1=7.9888E+05(kN/m) RJY1=7.9888E+05(kN/m) RJZ1=0.0000E+00(kN/m)

RJX3=5.4041E+05(kN/m) RJY3=4.7510E+05(kN/m) RJZ3=0.0000E+00(kN/m)

RJX3 * H=2.3778E+06(kN) RJY3 * H=2.0904E+06(kN) RJZ3 * H=0.0000E+00(kN)

Floor No. 2　　　　　　　Tower No. 1

Xstif=21.0000(m)　　　　Ystif=7.9500(m)　　　　Alf=0.0000(Degree)

Xmass=20.8907(m)　　　　Ymass=8.1317(m)　　　　Gmass(活荷折减)=964.9331(889.4431)(t)

Eex=0.0068　　　　　　　Eey=0.0114

Ratx=2.3704　　　　　　　Raty=2.3704

Ratx1＝1.2200   Raty1＝1.2464
Ratx2＝1.2200   Raty2＝1.2464
薄弱层地震剪力放大系数＝1.00
RJX1＝1.8936E＋06(kN/m) RJY1＝1.8936E＋06(kN/m) RJZ1＝0.0000E＋00(kN/m)
RJX3＝7.2421E＋05(kN/m) RJY3＝5.5868E＋05(kN/m) RJZ3＝0.0000E＋00(kN/m)
RJX3＊H＝2.3899E＋06(kN) RJY3＊H＝1.8437E＋06(kN) RJZ3＊H＝0.0000E＋00(kN)

- -

Floor No. 3   Tower No. 1
Xstif＝21.0000(m)   Ystif＝7.9500(m)   Alf＝0.0000(Degree)
Xmass＝20.8907(m)   Ymass＝8.1317(m)   Gmass(活荷折减)＝964.9331(889.4431)(t)
Eex＝0.0068   Eey＝0.0114
Ratx＝1.0000   Raty＝1.0000
Ratx1＝1.2814   Raty1＝1.3069
Ratx2＝1.2814   Raty2＝1.3069
薄弱层地震剪力放大系数＝1.00
RJX1＝1.8936E＋06(kN/m) RJY1＝1.8936E＋06(kN/m) RJZ1＝0.0000E＋00(kN/m)
RJX3＝7.4199E＋05(kN/m) RJY3＝5.6245E＋05(kN/m) RJZ3＝0.0000E＋00(kN/m)
RJX3＊H＝2.4486E＋06(kN) RJY3＊H＝1.8561E＋06(kN) RJZ3＊H＝0.0000E＋00(kN)

- -

Floor No. 4   Tower No. 1
Xstif＝21.0000(m)   Ystif＝7.9500(m)   Alf＝0.0000(Degree)
Xmass＝20.8907(m)   Ymass＝8.1317(m)   Gmass(活荷折减)＝964.9331(889.4431)(t)
Eex＝0.0068   Eey＝0.0114
Ratx＝1.0000   Raty＝1.0000
Ratx1＝1.4296   Raty1＝1.4375
Ratx2＝1.4296   Raty2＝1.4375
薄弱层地震剪力放大系数＝1.00
RJX1＝1.8936E＋06(kN/m) RJY1＝1.8936E＋06(kN/m) RJZ1＝0.0000E＋00(kN/m)
RJX3＝7.4228E＋05(kN/m) RJY3＝5.6095E＋05(kN/m) RJZ3＝0.0000E＋00(kN/m)
RJX3＊H＝2.4495E＋06(kN) RJY3＊H＝1.8511E＋06(kN) RJZ3＊H＝0.0000E＋00(kN)

- -

Floor No. 5   Tower No. 1
Xstif＝21.0000(m)   Ystif＝7.9500(m)   Alf＝0.0000(Degree)
Xmass＝20.8907(m)   Ymass＝8.1317(m)   Gmass(活荷折减)＝964.9331(889.4431)(t)
Eex＝0.0068   Eey＝0.0114
Ratx＝1.0000   Raty＝1.0000
Ratx1＝1.5416   Raty1＝1.6072
Ratx2＝1.5416   Raty2＝1.6072
薄弱层地震剪力放大系数＝1.00
RJX1＝1.8936E＋06(kN/m) RJY1＝1.8936E＋06(kN/m) RJZ1＝0.0000E＋00(kN/m)

RJX3＝7.4175E＋05(kN/m) RJY3＝5.5746E＋05(kN/m) RJZ3＝0.0000E＋00(kN/m)
RJX3 * H＝2.4478E＋06(kN) RJY3 * H＝1.8396E＋06(kN) RJZ3 * H＝0.0000E＋00(kN)

Floor No. 6   Tower No. 1
Xstif＝21.0000(m)   Ystif＝7.9500(m)   Alf＝0.0000(Degree)
Xmass＝21.0000(m)   Ymass＝7.9500(m)   Gmass(活荷折减)＝739.0955(722.1096)(t)
Eex＝0.0000   Eey＝0.0000
Ratx＝1.0000   Raty＝1.0000
Ratx1＝1.0000   Raty1＝1.0000
Ratx2＝1.0000   Raty2＝1.0000
薄弱层地震剪力放大系数＝1.00
RJX1＝1.8936E＋06(kN/m) RJY1＝1.8936E＋06(kN/m) RJZ1＝0.0000E＋00(kN/m)
RJX3＝6.8737E＋05(kN/m) RJY3＝4.9549E＋05(kN/m) RJZ3＝0.0000E＋00(kN/m)
RJX3 * H＝2.2683E＋06(kN) RJY3 * H＝1.6351E＋06(kN) RJZ3 * H＝0.0000E＋00(kN)

X 方向最小刚度比：0.9176(第 1 层第 1 塔)
Y 方向最小刚度比：1.0000(第 6 层第 1 塔)

==
结构整体抗倾覆验算结果
==

	抗倾覆力矩 Mr	倾覆力矩 Mov	比值 Mr/Mov	零应力区(%)
X 风荷载	1112488.5	3982.7	279.33	0.00
Y 风荷载	414582.9	10201.2	40.64	0.00
X 地震	1079696.9	26416.0	40.87	0.00
Y 地震	402399.2	23860.4	16.86	0.00

==
结构舒适性验算结果(仅当满足规范适用条件时结果有效)
==

按《高钢规》计算 X 向顺风向顶点最大加速度(m/s²)＝0.028
按《高钢规》计算 X 向横风向顶点最大加速度(m/s²)＝0.019
按荷载规范计算 X 向顺风向顶点最大加速度(m/s²)＝0.033
按荷载规范计算 X 向横风向顶点最大加速度(m/s²)＝0.012
按《高钢规》计算 Y 向顺风向顶点最大加速度(m/s²)＝0.070
按《高钢规》计算 Y 向横风向顶点最大加速度(m/s²)＝0.022
按荷载规范计算 Y 向顺风向顶点最大加速度(m/s²)＝0.078
按荷载规范计算 Y 向横风向顶点最大加速度(m/s²)＝0.082

===

结构整体稳定验算结果

===

层号	X 向刚度	Y 向刚度	层高(m)	上部重量	X 刚重比	Y 刚重比
1	0.540E+06	0.475E+06	4.40	68261.	34.83	30.62
2	0.724E+06	0.559E+06	3.30	56462.	42.33	32.65
3	0.742E+06	0.562E+06	3.30	44581.	54.92	41.63
4	0.742E+06	0.561E+06	3.30	32699.	74.91	56.61
5	0.742E+06	0.557E+06	3.30	20818.	117.58	88.37
6	0.687E+06	0.495E+06	3.30	8937.	253.81	182.96

该结构刚重比 Di * Hi/Gi 大于 10,能够通过高规(5.4.4)的整体稳定验算

该结构刚重比 Di * Hi/Gi 大于 20,可以不考虑重力二阶效应

===

框架结构的二阶效应系数(按 GB 50017—2017 第 5.1.6 条计算)

===

层号	塔号	层高(m)	上部重量	ThetaX	ThetaY
1	1	4.40	68261.	0.03	0.03
2	1	3.30	56462.	0.02	0.03
3	1	3.30	44581.	0.02	0.02
4	1	3.30	32699.	0.01	0.02
5	1	3.30	20818.	0.01	0.01
6	1	3.30	8937.	0.00	0.01

* *
*　　　　　　　　　楼层抗剪承载力及承载力比值　　　　　　　　　*
* *

Ratio_Bu:表示本层与上一层的承载力之比

层号	塔号	X 向承载力	Y 向承载力	Ratio_Bu:X,Y	
6	1	0.4715E+04	0.4715E+04	1.00	1.00
5	1	0.6164E+04	0.6164E+04	1.31	1.31
4	1	0.7442E+04	0.7442E+04	1.21	1.21
3	1	0.8549E+04	0.8549E+04	1.15	1.15
2	1	0.9484E+04	0.9484E+04	1.11	1.11
1	1	0.7349E+04	0.7512E+04	0.77	0.79

X 方向最小楼层抗剪承载力之比:0.77　　　层号:1　　　塔号:1

Y 方向最小楼层抗剪承载力之比:0.79　　　层号:1　　　塔号:1

附录 1.2　周期 振型 地震力（WZQ.OUT）

```
///////////////////////////////////////////////////////////////////
|公司名称：                                                          |
|                                                                   |
|               周期、地震力与振型输出文件                            |
|               SATWE2021_V1.3.1 中文版                              |
|               （2022 年 6 月 16 日 12 时 2 分）                     |
|               文件名：WZQ.OUT                                       |
|                                                                   |
|工程名称：              设计人：              计算日期：2022/07/11   |
|工程代号：              校核人：              计算时间：21:20:26     |
///////////////////////////////////////////////////////////////////
```

考虑扭转耦联时的振动周期（秒）、X,Y 方向的平动系数、扭转系数

振型号	周期	转角	平动系数（X＋Y）	扭转系数
1	1.0409	90.29	1.00(0.00＋1.00)	0.00
2	0.9375	2.65	0.64(0.64＋0.00)	0.36
3	0.9203	176.16	0.36(0.36＋0.00)	0.64
4	0.3325	90.23	1.00(0.00＋1.00)	0.00
5	0.3010	1.35	0.83(0.83＋0.00)	0.17
6	0.2945	174.93	0.18(0.17＋0.00)	0.82
7	0.1855	90.16	1.00(0.00＋1.00)	0.00
8	0.1709	0.44	0.96(0.96＋0.00)	0.04
9	0.1646	173.63	0.04(0.04＋0.00)	0.96
10	0.1238	90.04	1.00(0.00＋1.00)	0.00
11	0.1167	0.06	0.99(0.99＋0.00)	0.01
12	0.1092	178.38	0.01(0.01＋0.00)	0.99
13	0.0919	89.87	1.00(0.00＋1.00)	0.00
14	0.0890	179.83	1.00(1.00＋0.00)	0.00
15	0.0803	10.76	0.00(0.00＋0.00)	1.00

地震作用最大的方向＝－89.938（度）

```
=============================================================
```

分别考虑 X,Y,Z 方向地震作用时的振型参与系数(考虑耦联)

振型号	周期	X 向	Y 向	Z 向
1	1.0409	−0.35	67.47	0.00
2	0.9375	−54.39	−2.54	0.00
3	0.9203	41.01	−2.79	0.00
4	0.3325	−0.08	20.79	0.00
5	0.3010	18.00	0.43	0.00
6	0.2945	−8.25	0.75	0.00
7	0.1855	−0.03	10.52	0.00
8	0.1709	9.35	0.07	0.00
9	0.1646	−1.94	0.20	0.00
10	0.1238	0.00	−6.12	0.00
11	0.1167	−5.32	0.00	0.00
12	0.1092	−0.54	−0.02	0.00
13	0.0919	0.01	3.52	0.00
14	0.0890	−3.01	0.01	0.00
15	0.0803	0.18	0.07	0.00

==

仅考虑 X 向地震作用时的地震力

Floor:层号

Tower:塔号

F-x-x:X 方向的耦联地震力在 X 方向的分量

F-x-y:X 方向的耦联地震力在 Y 方向的分量

F-x-t:X 方向的耦联地震力的扭矩

振型 1 的地震力

- -

Floor	Tower	F-x-x (kN)	F-x-y (kN)	F-x-t (kN·m)
6	1	0.01	−1.73	−1.34
5	1	0.01	−2.00	−1.52
4	1	0.01	−1.78	−1.34
3	1	0.01	−1.46	−1.08
2	1	0.01	−1.06	−0.75
1	1	0.00	−0.59	−0.38

振型 2 的地震力

Floor	Tower	F-x-x (kN)	F-x-y (kN)	F-x-t (kN·m)
6	1	230.72	9.67	−2506.44
5	1	272.84	12.92	−2850.26
4	1	244.74	11.63	−2531.28
3	1	203.48	9.72	−2068.99
2	1	151.26	7.28	−1488.87
1	1	88.75	4.34	−816.55

振型 3 的地震力

Floor	Tower	F-x-x (kN)	F-x-y (kN)	F-x-t (kN·m)
6	1	136.23	−7.90	2549.35
5	1	156.61	−10.89	2896.73
4	1	140.53	−9.83	2571.68
3	1	116.98	−8.25	2102.46
2	1	87.20	−6.23	1514.74
1	1	51.37	−3.77	833.73

振型 4 的地震力

Floor	Tower	F-x-x (kN)	F-x-y (kN)	F-x-t (kN·m)
6	1	0.00	0.87	0.48
5	1	0.00	0.57	0.28
4	1	0.00	−0.15	−0.16
3	1	0.00	−0.80	−0.53
2	1	0.00	−1.05	−0.64
1	1	0.00	−0.77	−0.42

振型 5 的地震力

Floor	Tower	F-x-x (kN)	F-x-y (kN)	F-x-t (kN·m)
6	1	−174.46	−3.82	1151.27
5	1	−124.80	−3.14	738.11

4	1	20.23	0.25	−208.14
3	1	154.88	3.54	−1042.39
2	1	215.04	5.18	−1355.70
1	1	168.21	4.25	−983.66

振型 6 的地震力

Floor	Tower	F-x-x (kN)	F-x-y (kN)	F-x-t (kN・m)
6	1	−37.48	2.92	−1147.24
5	1	−25.58	2.55	−723.30
4	1	4.56	−0.09	221.29
3	1	32.49	−2.72	1046.79
2	1	45.07	−4.12	1353.31
1	1	35.37	−3.48	982.54

振型 7 的地震力

Floor	Tower	F-x-x (kN)	F-x-y (kN)	F-x-t (kN・m)
6	1	0.00	−0.26	−0.06
5	1	0.00	0.05	0.03
4	1	0.00	0.32	0.11
3	1	0.00	0.18	0.04
2	1	0.00	−0.19	−0.09
1	1	0.00	−0.32	−0.11

振型 8 的地震力

Floor	Tower	F-x-x (kN)	F-x-y (kN)	F-x-t (kN・m)
6	1	93.91	0.70	−280.03
5	1	−10.76	−0.06	48.01
4	1	−116.05	−0.87	330.97
3	1	−75.18	−0.62	185.93
2	1	60.19	0.41	−200.78
1	1	117.85	0.95	−331.63

振型 9 的地震力

Floor	Tower	F-x-x (kN)	F-x-y (kN)	F-x-t (kN·m)
6	1	4.12	−0.42	273.35
5	1	−0.66	0.01	−62.44
4	1	−4.98	0.53	−334.76
3	1	−3.15	0.43	−181.05
2	1	2.61	−0.22	201.92
1	1	5.06	−0.63	328.80

振型 10 的地震力

Floor	Tower	F-x-x (kN)	F-x-y (kN)	F-x-t (kN·m)
6	1	0.00	0.03	0.00
5	1	0.00	−0.04	0.00
4	1	0.00	−0.02	0.00
3	1	0.00	0.04	0.00
2	1	0.00	0.01	0.00
1	1	0.00	−0.04	0.00

振型 11 的地震力

Floor	Tower	F-x-x (kN)	F-x-y (kN)	F-x-t (kN·m)
6	1	−45.03	−0.04	68.21
5	1	50.57	0.05	−70.90
4	1	38.97	0.04	−49.12
3	1	−58.73	−0.06	84.55
2	1	−27.20	−0.05	30.44
1	1	63.22	0.06	−92.83

振型 12 的地震力

Floor	Tower	F-x-x (kN)	F-x-y (kN)	F-x-t (kN·m)
6	1	−0.45	0.01	−59.44
5	1	0.54	−0.02	74.50

Floor	Tower			
4	1	0.35	−0.01	43.22
3	1	−0.61	0.01	−83.64
2	1	−0.26	0.03	−27.67
1	1	0.64	−0.02	88.55

振型 13 的地震力

Floor	Tower	F-x-x (kN)	F-x-y (kN)	F-x-t (kN·m)
6	1	0.00	0.04	−0.01
5	1	0.00	−0.08	0.01
4	1	0.00	0.05	−0.01
3	1	0.00	0.02	0.00
2	1	0.00	−0.08	0.01
1	1	0.00	0.06	−0.01

振型 14 的地震力

Floor	Tower	F-x-x (kN)	F-x-y (kN)	F-x-t (kN·m)
6	1	16.09	−0.05	−15.84
5	1	−33.44	0.10	27.07
4	1	20.26	−0.06	−16.95
3	1	11.15	−0.03	−8.23
2	1	−32.53	0.09	26.56
1	1	24.57	−0.08	−21.93

振型 15 的地震力

Floor	Tower	F-x-x (kN)	F-x-y (kN)	F-x-t (kN·m)
6	1	0.05	0.01	11.62
5	1	−0.12	−0.02	−25.96
4	1	0.08	0.01	18.03
3	1	0.03	0.01	6.55
2	1	−0.11	−0.02	−25.09
1	1	0.09	0.02	20.77

各振型作用下 X 方向的基底剪力

振型号	剪力(kN)
1	0.04
2	1191.79
3	688.91
4	0.01
5	259.10
6	54.42
7	0.00
8	69.96
9	3.00
10	0.00
11	21.80
12	0.22
13	0.00
14	6.10
15	0.02

X 向地震作用参与振型的有效质量系数

振型号	有效质量系数(%)
1	0.00
2	57.30
3	32.57
4	0.00
5	6.27
6	1.32
7	0.00
8	1.69
9	0.07
10	0.00
11	0.55
12	0.01
13	0.00
14	0.18
15	0.00

各层 X 方向的作用力(CQC)

Floor：层号

Tower：塔号

Fx：X 向地震作用下结构的地震反应力

Vx：X 向地震作用下结构的楼层剪力

Mx：X 向地震作用下结构的弯矩

Static Fx：底部剪力法 X 向的地震力

Floor	Tower	Fx (kN)	Vx(分塔剪重比)(整层剪重比) (kN)	Mx (kN·m)	Static Fx (kN)
			(注意：下面分塔输出的剪重比不适合于上连多塔结构)		
6	1	431.47	431.47(5.98%)(5.98%)	1423.84	562.77
5	1	454.43	869.88(5.40%)(5.40%)	4276.26	376.32
4	1	403.11	1218.87(4.87%)(4.87%)	8233.03	305.76
3	1	381.30	1501.45(4.43%)(4.43%)	13048.40	235.20
2	1	360.34	1732.32(4.05%)(4.05%)	18542.50	164.64
1	1	288.92	1895.89(3.67%)(3.67%)	26555.22	93.36

抗震规范(5.2.5)条要求的 X 向楼层最小剪重比＝1.60%

X 向地震作用下结构主振型的周期＝0.9375

X 方向的有效质量系数：99.96%

仅考虑 Y 向地震时的地震力

Floor：层号

Tower：塔号

F-y-x：Y 方向的耦联地震力在 X 方向的分量

F-y-y：Y 方向的耦联地震力在 Y 方向的分量

F-y-t：Y 方向的耦联地震力的扭矩

振型 1 的地震力

Floor	Tower	F-y-x (kN)	F-y-y (kN)	F-y-t (kN·m)
6	1	−1.50	334.65	260.28
5	1	−2.05	388.44	295.19
4	1	−1.83	345.11	259.62
3	1	−1.51	282.73	208.76
2	1	−1.10	204.73	145.72
1	1	−0.62	113.54	74.21

振型 2 的地震力

Floor	Tower	F-y-x (kN)	F-y-y (kN)	F-y-t (kN·m)
6	1	10.76	0.45	−116.86
5	1	12.72	0.60	−132.89
4	1	11.41	0.54	−118.02
3	1	9.49	0.45	−96.46
2	1	7.05	0.34	−69.42
1	1	4.14	0.20	−38.07

振型 3 的地震力

Floor	Tower	F-y-x (kN)	F-y-y (kN)	F-y-t (kN·m)
6	1	−9.27	0.54	−173.47
5	1	−10.66	0.74	−197.10
4	1	−9.56	0.67	−174.98
3	1	−7.96	0.56	−143.06
2	1	−5.93	0.42	−103.07
1	1	−3.50	0.26	−56.73

振型 4 的地震力

Floor	Tower	F-y-x (kN)	F-y-y (kN)	F-y-t (kN·m)
6	1	0.85	−226.04	−126.06
5	1	0.72	−149.87	−74.08
4	1	−0.09	39.56	42.24
3	1	−0.82	207.72	138.56
2	1	−1.13	273.30	165.55
1	1	−0.85	201.03	108.51

振型 5 的地震力

Floor	Tower	F-y-x (kN)	F-y-y (kN)	F-y-t (kN·m)
6	1	−4.22	−0.09	27.83
5	1	−3.02	−0.08	17.84

4	1	0.49	0.01	−5.03
3	1	3.74	0.09	−25.19
2	1	5.20	0.13	−32.77
1	1	4.07	0.10	−23.77

振型 6 的地震力

Floor	Tower	F-y-x (kN)	F-y-y (kN)	F-y-t (kN · m)
6	1	3.40	−0.27	104.08
5	1	2.32	−0.23	65.62
4	1	−0.41	0.01	−20.08
3	1	−2.95	0.25	−94.97
2	1	−4.09	0.37	−122.77
1	1	−3.21	0.32	−89.14

振型 7 的地震力

Floor	Tower	F-y-x (kN)	F-y-y (kN)	F-y-t (kN · m)
6	1	−0.30	108.62	25.60
5	1	0.01	−20.45	−14.56
4	1	0.38	−134.47	−46.62
3	1	0.25	−76.84	−17.26
2	1	−0.19	78.54	37.71
1	1	−0.36	133.13	46.28

振型 8 的地震力

Floor	Tower	F-y-x (kN)	F-y-y (kN)	F-y-t (kN · m)
6	1	0.68	0.01	−2.03
5	1	−0.08	0.00	0.35
4	1	−0.84	−0.01	2.40
3	1	−0.55	0.00	1.35
2	1	0.44	0.00	−1.46
1	1	0.86	0.01	−2.41

振型 9 的地震力

Floor	Tower	F-y-x (kN)	F-y-y (kN)	F-y-t (kN · m)
6	1	−0.42	0.04	−27.71
5	1	0.07	0.00	6.33
4	1	0.50	−0.05	33.93
3	1	0.32	−0.04	18.35
2	1	−0.26	0.02	−20.47
1	1	−0.51	0.06	−33.33

振型 10 的地震力

Floor	Tower	F-y-x (kN)	F-y-y (kN)	F-y-t (kN · m)
6	1	0.04	−52.61	3.37
5	1	−0.05	63.63	3.36
4	1	−0.04	40.88	0.26
3	1	0.05	−72.59	−4.81
2	1	0.02	−26.62	2.95
1	1	−0.05	77.13	7.08

振型 11 的地震力

Floor	Tower	F-y-x (kN)	F-y-y (kN)	F-y-t (kN · m)
6	1	−0.01	0.00	0.01
5	1	0.01	0.00	−0.01
4	1	0.01	0.00	−0.01
3	1	−0.01	0.00	0.01
2	1	0.00	0.00	0.01
1	1	0.01	0.00	−0.02

振型 12 的地震力

Floor	Tower	F-y-x (kN)	F-y-y (kN)	F-y-t (kN · m)
6	1	−0.02	0.00	−2.44
5	1	0.02	0.00	3.06

4	1	0.01	0.00	1.77
3	1	−0.02	0.00	−3.43
2	1	−0.01	0.00	−1.14
1	1	0.03	0.00	3.63

振型 13 的地震力

Floor	Tower	F-y-x (kN)	F-y-y (kN)	F-y-t (kN · m)
6	1	0.05	18.06	−4.01
5	1	−0.09	−39.33	5.91
4	1	0.05	26.12	−4.89
3	1	0.03	10.93	−2.00
2	1	−0.09	−38.03	6.64
1	1	0.07	30.70	−3.65

振型 14 的地震力

Floor	Tower	F-y-x (kN)	F-y-y (kN)	F-y-t (kN · m)
6	1	−0.07	0.00	0.07
5	1	0.14	0.00	−0.12
4	1	−0.09	0.00	0.07
3	1	−0.05	0.00	0.04
2	1	0.14	0.00	−0.11
1	1	−0.11	0.00	0.09

振型 15 的地震力

Floor	Tower	F-y-x (kN)	F-y-y (kN)	F-y-t (kN · m)
6	1	0.02	0.00	4.54
5	1	−0.05	−0.01	−10.14
4	1	0.03	0.00	7.04
3	1	0.01	0.00	2.56
2	1	−0.04	−0.01	−9.80
1	1	0.03	0.01	8.11

各振型作用下 Y 方向的基底剪力

振型号	剪力(kN)
1	1669.20
2	2.59
3	3.19
4	345.69
5	0.15
6	0.45
7	88.54
8	0.00
9	0.03
10	29.81
11	0.00
12	0.00
13	8.47
14	0.00
15	0.00

Y 向地震作用参与振型的有效质量系数

振型号	有效质量系数(%)
1	88.18
2	0.12
3	0.15
4	8.37
5	0.00
6	0.01
7	2.14
8	0.00
9	0.00
10	0.73
11	0.00
12	0.00
13	0.24
14	0.00
15	0.00

各层 Y 方向的作用力（CQC）

    Floor：层号

    Tower：塔号

    Fy：Y 向地震作用下结构的地震反应力

    Vy：Y 向地震作用下结构的楼层剪力

    My：Y 向地震作用下结构的弯矩

    Static Fy：底部剪力法 Y 向的地震力

Floor	Tower	Fy (kN)	Vy（分塔剪重比）（整层剪重比）(kN)	My (kN·m)	Static Fy (kN)
			（注意：下面分塔输出的剪重比不适合于上连多塔结构）		
6	1	419.03	419.03(5.80%)(5.80%)	1382.80	517.49
5	1	422.57	818.07(5.08%)(5.08%)	4056.59	339.90
4	1	375.11	1121.74(4.49%)(4.49%)	7672.55	276.17
3	1	366.81	1364.20(4.02%)(4.02%)	11997.49	212.44
2	1	355.87	1566.87(3.66%)(3.66%)	16891.28	148.70
1	1	286.12	1712.47(3.32%)(3.32%)	24028.42	84.32

    抗震规范(5.2.5)条要求的 Y 向楼层最小剪重比＝1.60%

    Y 向地震作用下结构主振型的周期＝1.0409

    Y 方向的有效质量系数：99.95%

    ＊＊以上结果是在地震外力 CQC 下的统计结果

=========各楼层地震剪力系数调整情况［抗震规范(5.2.5)验算］=========

层号	塔号	X 向调整系数	Y 向调整系数
1	1	1.000	1.000
2	1	1.000	1.000
3	1	1.000	1.000
4	1	1.000	1.000
5	1	1.000	1.000
6	1	1.000	1.000

附录 1.3　结构位移(WDISP.OUT)

```
//////////////////////////////////////////////////////////////////////////
|公司名称:                                                              |
|                                                                       |
|                         SATWE 位移输出文件                            |
|                        SATWE2021_V1.3.1 中文版                        |
|                      (2022 年 6 月 16 日 12 时 2 分)                  |
|                         文件名:WDISP.OUT                             |
|                                                                       |
|工程名称:              设计人:              计算日期:2022/07/11      |
|工程代号:              校核人:              计算时间:21:20:27        |
//////////////////////////////////////////////////////////////////////////
```

所有位移的单位为毫米

　　Floor:层号

　　Tower:塔号

　　Jmax:最大位移对应的节点号

　　JmaxD:最大层间位移对应的节点号

　　Max-(Z):节点的最大竖向位移

　　h:层高

　　Max-(X),Max-(Y):X,Y 方向的节点最大位移

　　Ave-(X),Ave-(Y):X,Y 方向的层平均位移

　　Max-Dx ,Max-Dy:X,Y 方向的最大层间位移

　　Ave-Dx ,Ave-Dy:X,Y 方向的平均层间位移

　　Ratio-(X),Ratio-(Y):最大位移与层平均位移的比值

　　Ratio-Dx,Ratio-Dy:最大层间位移与平均层间位移的比值

　　Max-Dx/h,Max-Dy/h:X,Y 方向的最大层间位移角

　　DxR/Dx,DyR/Dy:X,Y 方向的有害位移角占总位移角的百分比例

　　Ratio_AX,Ratio_AY:本层位移角与上层位移角的 1.3 倍及上三层平均位移角的 1.2 倍的比值的大者

　　X-Disp,Y-Disp,Z-Disp:节点 X,Y,Z 方向的位移

　　　　　　===工况 1===X 方向地震作用下的楼层最大位移(非强刚模型)

Floor	Tower	Jmax	Max-(X)	Ave-(X)	h		
		JmaxD	Max-Dx	Ave-Dx	Max-Dx/h	DxR/Dx	Ratio_AX
6	1	365	11.21	11.12	3300.		
		365	0.63	0.63	1/5207.	86.7%	1.00
5	1	298	10.64	10.56	3300.		
		298	1.19	1.17	1/2783.	40.0%	1.44

4	1	233	9.55	9.47	3300.		
		233	1.66	1.64	1/1987.	23.2%	1.52
3	1	168	7.95	7.89	3300.		
		168	2.05	2.03	1/1612.	18.2%	1.47
2	1	103	5.94	5.90	3300.		
		103	2.42	2.39	1/1364.	10.0%	1.24
1	1	38	3.53	3.51	4400.		
		38	3.53	3.51	1/1245.	99.9%	1.09

X 方向最大层间位移角：1/1245.（第 1 层第 1 塔）

===工况 2===X＋ 偶然偏心地震作用下的楼层最大位移（非强刚模型）

Floor	Tower	Jmax	Max-(X)	Ave-(X)	h		
		JmaxD	Max-Dx	Ave-Dx	Max-Dx/h	DxR/Dx	Ratio_AX
6	1	362	11.39	11.11	3300.		
		362	0.65	0.63	1/5099	86.5%	1.00
5	1	295	10.81	10.55	3300.		
		295	1.20	1.17	1/2741.	39.9%	1.44
4	1	230	9.69	9.46	3300.		
		230	1.68	1.64	1/1959.	23.2%	1.52
3	1	165	8.08	7.89	3300.		
		165	2.08	2.02	1/1589.	18.2%	1.47
2	1	100	6.04	5.90	3300.		
		100	2.45	2.39	1/1345.	10.0%	1.24
1	1	35	3.59	3.51	4400.		
		35	3.59	3.51	1/1225.	99.8%	1.09

X 方向最大层间位移角：1/1225.（第 1 层第 1 塔）

===工况 3===X－ 偶然偏心地震作用下的楼层最大位移（非强刚模型）

Floor	Tower	Jmax	Max-(X)	Ave-(X)	h		
		JmaxD	Max-Dx	Ave-Dx	Max-Dx/h	DxR/Dx	Ratio_AX
6	1	365	11.59	11.13	3300.		
		365	0.66	0.63	1/5019.	86.9%	1.00
5	1	298	11.00	10.56	3300.		
		298	1.23	1.18	1/2687.	40.0%	1.44
4	1	233	9.86	9.47	3300.		
		233	1.72	1.65	1/1919.	23.2%	1.52
3	1	168	8.21	7.89	3300.		
		168	2.12	2.03	1/1557.	18.2%	1.47
2	1	103	6.13	5.90	3300.		

		103	2.50	2.40	1/1319.	10.0%	1.24
1	1	38	3.64	3.51	4400.		
		38	3.64	3.51	1/1209.	99.9%	1.09

X 方向最大层间位移角：1/1209.（第 1 层第 1 塔）

===工况 4===Y 方向地震作用下的楼层最大位移（非强刚模型）

Floor	Tower	Jmax	Max-(Y)	Ave-(Y)	h		
		JmaxD	Max-Dy	Ave-Dy	Max-Dy/h	DyR/Dy	Ratio_AY
6	1	414	13.45	12.79	3300.		
		414	0.89	0.85	1/3704.	73.4%	1.00
5	1	349	12.66	12.04	3300.		
		349	1.55	1.47	1/2126.	36.2%	1.33
4	1	284	11.23	10.69	3300.		
		284	2.12	2.00	1/1560.	21.3%	1.44
3	1	219	9.22	8.79	3300.		
		219	2.57	2.43	1/1286.	15.6%	1.41
2	1	154	6.70	6.41	3300.		
		154	2.96	2.81	1/1114.	3.6%	1.19
1	1	89	3.75	3.61	4400.		
		89	3.75	3.61	1/1172.	99.9%	0.93

Y 方向最大层间位移角：1/1114.（第 2 层第 1 塔）

===工况 5===Y＋偶然偏心地震作用下的楼层最大位移（非强刚模型）

Floor	Tower	Jmax	Max-(Y)	Ave-(Y)	h		
		JmaxD	Max-Dy	Ave-Dy	Max-Dy/h	DyR/Dy	Ratio_AY
6	1	414	15.83	12.82	3300.		
		414	1.05	0.85	1/3145.	73.7%	1.00
5	1	349	14.90	12.07	3300.		
		349	1.83	1.47	1/1807.	36.3%	1.34
4	1	284	13.23	10.72	3300.		
		284	2.49	2.01	1/1325.	21.3%	1.44
3	1	219	10.85	8.81	3300.		
		219	3.02	2.44	1/1091.	15.6%	1.41
2	1	154	7.89	6.42	3300.		
		154	3.49	2.82	1/ 945.	3.7%	1.19
1	1	89	4.41	3.61	4400.		
		89	4.41	3.61	1/ 998.	99.9%	0.93

Y 方向最大层间位移角:1/ 945.(第 2 层第 1 塔)

===工况 6===Y- 偶然偏心地震作用下的楼层最大位移(非强刚模型)

Floor	Tower	Jmax	Max-(Y)	Ave-(Y)	h		
		JmaxD	Max-Dy	Ave-Dy	Max-Dy/h	DyR/Dy	Ratio_AY
6	1	362	14.44	12.76	3300.		
		362	0.96	0.85	1/3449.	73.2%	1.00
5	1	295	13.60	12.01	3300.		
		295	1.65	1.47	1/1997.	36.2%	1.33
4	1	230	12.08	10.66	3300.		
		230	2.25	2.00	1/1465.	21.2%	1.44
3	1	165	9.94	8.76	3300.		
		165	2.74	2.42	1/1206.	15.6%	1.41
2	1	100	7.26	6.39	3300.		
		100	3.17	2.80	1/1042.	3.5%	1.19
1	1	35	4.11	3.60	4400.		
		35	4.11	3.60	1/1071.	99.8%	0.94

Y 方向最大层间位移角:1/1042.(第 2 层第 1 塔)

===工况 7===X 方向风荷载作用下的楼层最大位移(非强刚模型)

Floor	Tower	Jmax	Max-(X)	Ave-(X)	Ratio-(X)	h		
		JmaxD	Max-Dx	Ave-Dx	Ratio-Dx	Max-Dx/h	DxR/Dx	Ratio_AX
6	1	365	1.60	1.59	1.01	3300.		
		365	0.09	0.09	1.01	1/9999.	81.0%	1.00
5	1	298	1.52	1.51	1.01	3300.		
		298	0.16	0.15	1.01	1/9999.	41.6%	1.39
4	1	233	1.36	1.35	1.01	3300.		
		233	0.22	0.22	1.01	1/9999.	26.1%	1.52
3	1	168	1.14	1.14	1.01	3300.		
		168	0.28	0.28	1.01	1/9999.	22.5%	1.50
2	1	103	0.86	0.86	1.01	3300.		
		103	0.34	0.34	1.01	1/9725.	16.5%	1.30
1	1	38	0.53	0.52	1.00	4400.		
		38	0.53	0.52	1.00	1/8374.	99.9%	1.18

X 方向最大层间位移角:1/8374.(第 1 层第 1 塔)

X 方向最大位移与层平均位移的比值:1.01(第 5 层第 1 塔)

X 方向最大层间位移与平均层间位移的比值:1.01(第 3 层第 1 塔)

===工况 8===Y 方向风荷载作用下的楼层最大位移(非强刚模型)

Floor	Tower	Jmax	Max-(Y)	Ave-(Y)	Ratio-(Y)	h		
		JmaxD	Max-Dy	Ave-Dy	Ratio-Dy	Max-Dy/h	DyR/Dy	Ratio_AY
6	1	414	5.28	5.15	1.02	3300.		
		414	0.32	0.31	1.02	1/9999.	71.9%	1.00
5	1	349	4.96	4.84	1.02	3300.		
		349	0.55	0.53	1.03	1/6043.	39.9%	1.32
4	1	284	4.42	4.31	1.02	3300.		
		284	0.76	0.74	1.03	1/4314.	25.4%	1.47
3	1	219	3.65	3.57	1.02	3300.		
		219	0.96	0.93	1.03	1/3440.	20.3%	1.47
2	1	154	2.69	2.64	1.02	3300.		
		154	1.15	1.12	1.03	1/2864.	1.7%	1.27
1	1	89	1.54	1.52	1.01	4400.		
		89	1.54	1.52	1.01	1/2854.	99.9%	1.02

Y 方向最大层间位移角:1/2854.(第 1 层第 1 塔)

Y 方向最大位移与层平均位移的比值:1.02(第 5 层第 1 塔)

Y 方向最大层间位移与平均层间位移的比值:1.03(第 3 层第 1 塔)

===工况 9===竖向恒载作用下的楼层最大位移

Floor	Tower	Jmax	Max-(Z)
6	1	371	−2.00
5	1	325	−2.57
4	1	260	−2.97
3	1	195	−3.04
2	1	130	−2.84
1	1	65	−2.36

===工况 10===竖向活载作用下的楼层最大位移

Floor	Tower	Jmax	Max-(Z)
6	1	390	−0.59
5	1	325	−0.83
4	1	260	−0.78
3	1	195	−0.72
2	1	130	−0.62
1	1	65	−0.52

===工况 11===X 方向地震作用规定水平力下的楼层最大位移(非强刚模型)

Floor	Tower	Jmax	Max-(X)	Ave-(X)	Ratio-(X)	h
		JmaxD	Max-Dx	Ave-Dx	Ratio-Dx	
6	1	365	11.52	11.40	1.01	3300.
		365	0.64	0.63	1.01	
5	1	298	10.88	10.77	1.01	3300.
		298	1.19	1.18	1.01	
4	1	233	9.69	9.59	1.01	3300.
		233	1.67	1.65	1.01	
3	1	168	8.02	7.94	1.01	3300.
		168	2.06	2.03	1.01	
2	1	103	5.96	5.91	1.01	3300.
		103	2.43	2.40	1.01	
1	1	38	3.54	3.51	1.01	4400.
		38	3.54	3.51	1.01	

X 方向最大位移与层平均位移的比值:1.01(第 4 层第 1 塔)

X 方向最大层间位移与平均层间位移的比值:1.01(第 3 层第 1 塔)

===工况 12===X＋偶然偏心地震作用规定水平力下的楼层最大位移(非强刚模型)

Floor	Tower	Jmax	Max-(X)	Ave-(X)	Ratio-(X)	h
		JmaxD	Max-Dx	Ave-Dx	Ratio-Dx	
6	1	362	11.67	11.40	1.02	3300.
		362	0.65	0.63	1.03	
5	1	295	11.02	10.77	1.02	3300.
		295	1.21	1.18	1.03	
4	1	230	9.81	9.59	1.02	3300.
		230	1.69	1.65	1.02	
3	1	165	8.12	7.94	1.02	3300.
		165	2.08	2.03	1.02	
2	1	100	6.04	5.91	1.02	3300.
		100	2.45	2.40	1.02	
1	1	35	3.58	3.51	1.02	4400.
		35	3.58	3.51	1.02	

X 方向最大位移与层平均位移的比值:1.02(第 6 层第 1 塔)

X 方向最大层间位移与平均层间位移的比值:1.03(第 6 层第 1 塔)

===工况 13===X－偶然偏心地震作用规定水平力下的楼层最大位移(非强刚模型)

Floor	Tower	Jmax	Max-(X)	Ave-(X)	Ratio-(X)	h
		JmaxD	Max-Dx	Ave-Dx	Ratio-Dx	

6	1	365	11.91	11.41	1.04	3300.
		365	0.66	0.63	1.04	
5	1	298	11.25	10.78	1.04	3300.
		298	1.23	1.18	1.05	
4	1	233	10.01	9.60	1.04	3300.
		233	1.73	1.65	1.05	
3	1	168	8.28	7.94	1.04	3300.
		168	2.13	2.03	1.05	
2	1	103	6.15	5.91	1.04	3300.
		103	2.51	2.40	1.05	
1	1	38	3.64	3.51	1.04	4400.
		38	3.64	3.51	1.04	

X 方向最大位移与层平均位移的比值:1.04(第 6 层第 1 塔)

X 方向最大层间位移与平均层间位移的比值:1.05(第 3 层第 1 塔)

===工况 14===Y 方向地震作用规定水平力下的楼层最大位移(非强刚模型)

Floor	Tower	Jmax	Max-(Y)	Ave-(Y)	Ratio-(Y)	h
		JmaxD	Max-Dy	Ave-Dy	Ratio-Dy	
6	1	414	13.50	13.25	1.02	3300.
		414	0.88	0.86	1.02	
5	1	349	12.62	12.39	1.02	3300.
		349	1.52	1.49	1.02	
4	1	284	11.10	10.90	1.02	3300.
		284	2.07	2.02	1.02	
3	1	219	9.03	8.88	1.02	3300.
		219	2.50	2.45	1.02	
2	1	154	6.52	6.43	1.01	3300.
		154	2.88	2.82	1.02	
1	1	89	3.64	3.61	1.01	4400.
		89	3.64	3.61	1.01	

Y 方向最大位移与层平均位移的比值:1.02(第 6 层第 1 塔)

Y 方向最大层间位移与平均层间位移的比值:1.02(第 5 层第 1 塔)

===工况 15===Y+偶然偏心地震作用规定水平力下的楼层最大位移(非强刚模型)

Floor	Tower	Jmax	Max-(Y)	Ave-(Y)	Ratio-(Y)	h
		JmaxD	Max-Dy	Ave-Dy	Ratio-Dy	
6	1	414	15.98	13.28	1.20	3300.
		414	1.04	0.86	1.20	
5	1	349	14.94	12.42	1.20	3300.

Floor	Tower	Jmax	Max-(Y)	Ave-(Y)	Ratio-(Y)	h
		349	1.80	1.49	1.21	
4	1	284	13.14	10.93	1.20	3300.
		284	2.45	2.03	1.21	
3	1	219	10.69	8.90	1.20	3300.
		219	2.97	2.46	1.21	
2	1	154	7.72	6.45	1.20	3300.
		154	3.42	2.83	1.21	
1	1	89	4.30	3.62	1.19	4400.
		89	4.30	3.62	1.19	

Y 方向最大位移与层平均位移的比值:1.20(第 6 层第 1 塔)

Y 方向最大层间位移与平均层间位移的比值:1.21(第 3 层第 1 塔)

===工况 16===Y-偶然偏心地震作用规定水平力下的楼层最大位移(非强刚模型)

Floor	Tower	Jmax	Max-(Y)	Ave-(Y)	Ratio-(Y)	h
		JmaxD	Max-Dy	Ave-Dy	Ratio-Dy	
6	1	362	15.41	13.22	1.17	3300.
		362	1.00	0.86	1.17	
5	1	295	14.41	12.36	1.17	3300.
		295	1.72	1.48	1.16	
4	1	230	12.69	10.88	1.17	3300.
		230	2.34	2.02	1.16	
3	1	165	10.35	8.86	1.17	3300.
		165	2.84	2.44	1.16	
2	1	100	7.51	6.42	1.17	3300.
		100	3.28	2.81	1.17	
1	1	35	4.23	3.61	1.17	4400.
		35	4.23	3.61	1.17	

Y 方向最大位移与层平均位移的比值: 1.17(第 1 层第 1 塔)

Y 方向最大层间位移与平均层间位移的比值: 1.17(第 1 层第 1 塔)

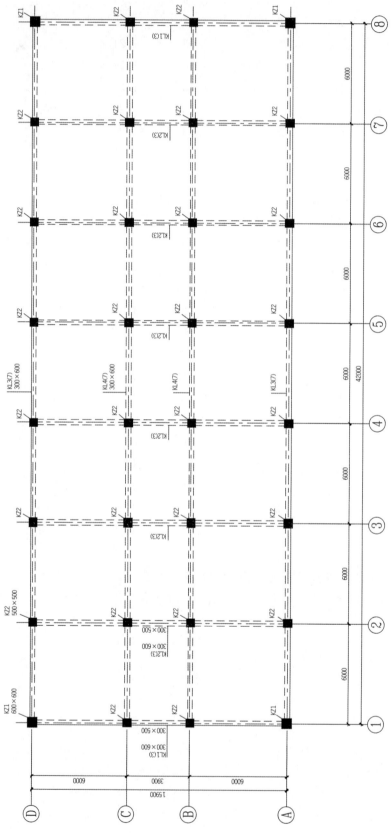

附图 1-1　第 1～6 层结构平面布置图(单位:mm)

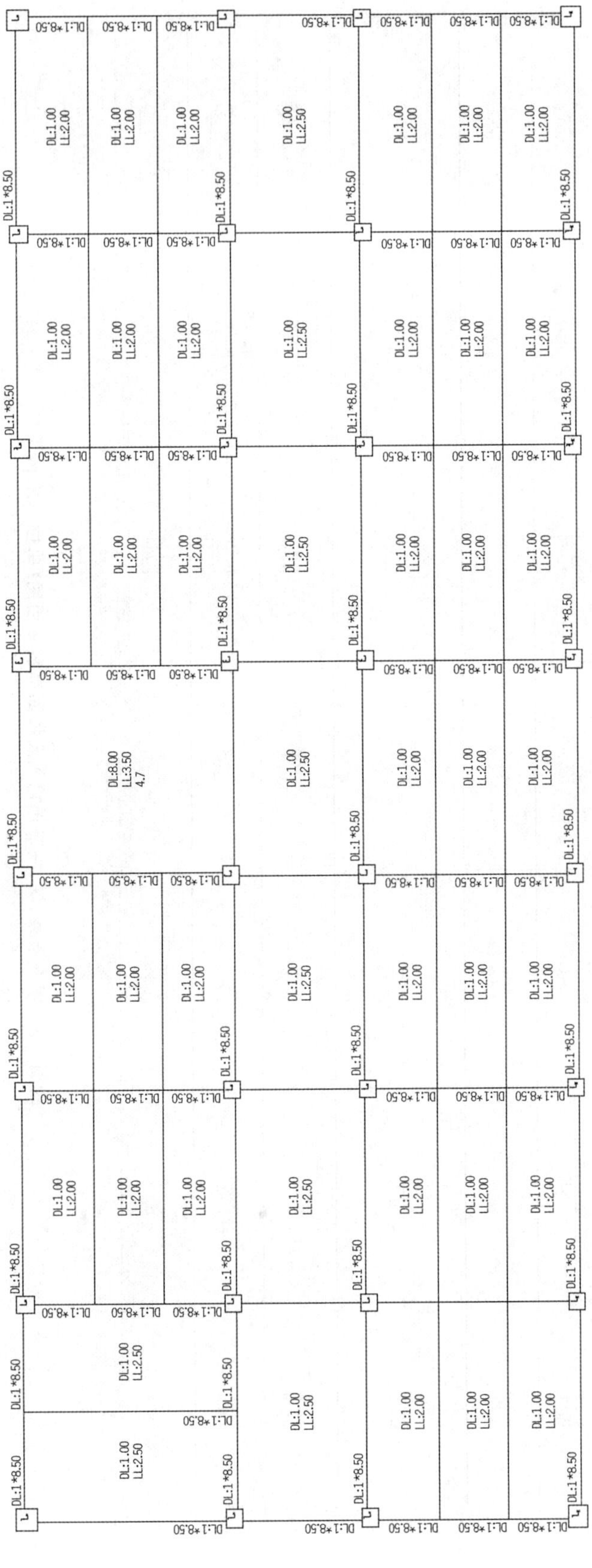

附图 1-2 第 1~5 层梁、墙、柱节点输入及楼面荷载平面图（单位：kN/m²）

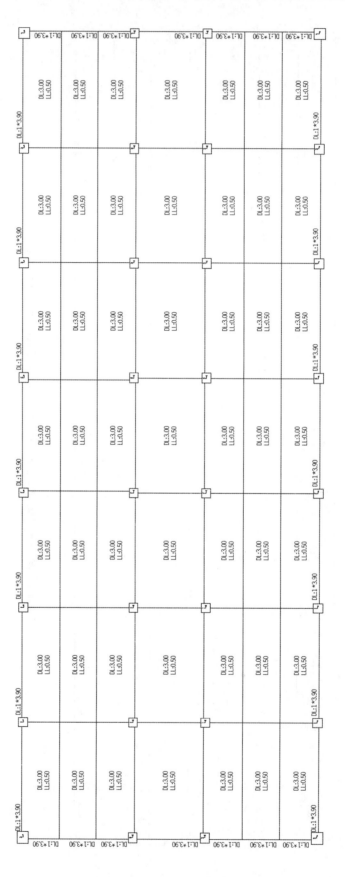

附图 1-3　第 6 层梁、墙、柱节点输入及楼面荷载平面图(单位:kN/m²)

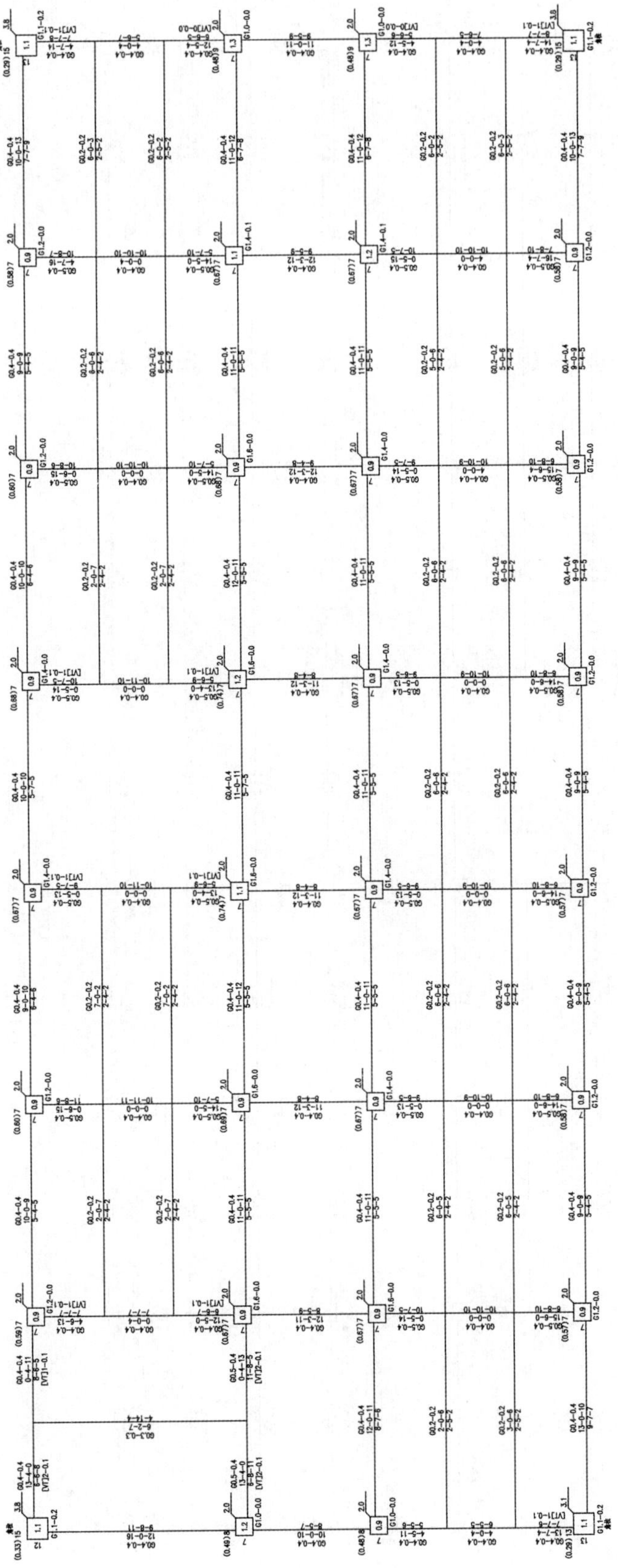

说明：

(1)本层：层高＝4400(mm)；梁总数＝52；柱总数＝32。

(2)混凝土强度等级：梁 Cb＝30；柱 Cc＝30。

附图 1-4　第 1 层混凝土构件配筋及钢构件应力比简图(单位：cm×cm)

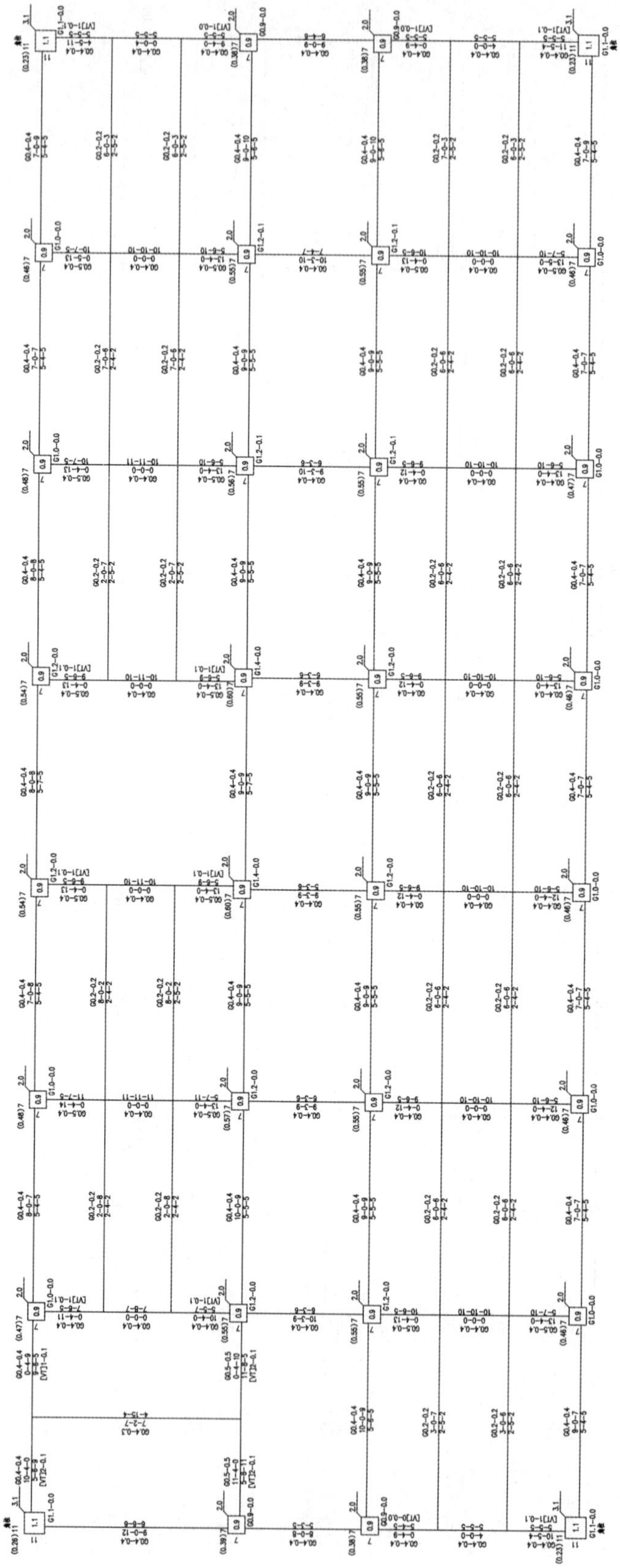

说明:

(1)本层:层高=3300(mm);梁总数=52;柱总数=32。

(2)混凝土强度等级:梁 Cb=30;柱 Cc=30。

附图 1-5 第 2 层混凝土构件配筋及钢构件应力比简图(单位:cm×cm)

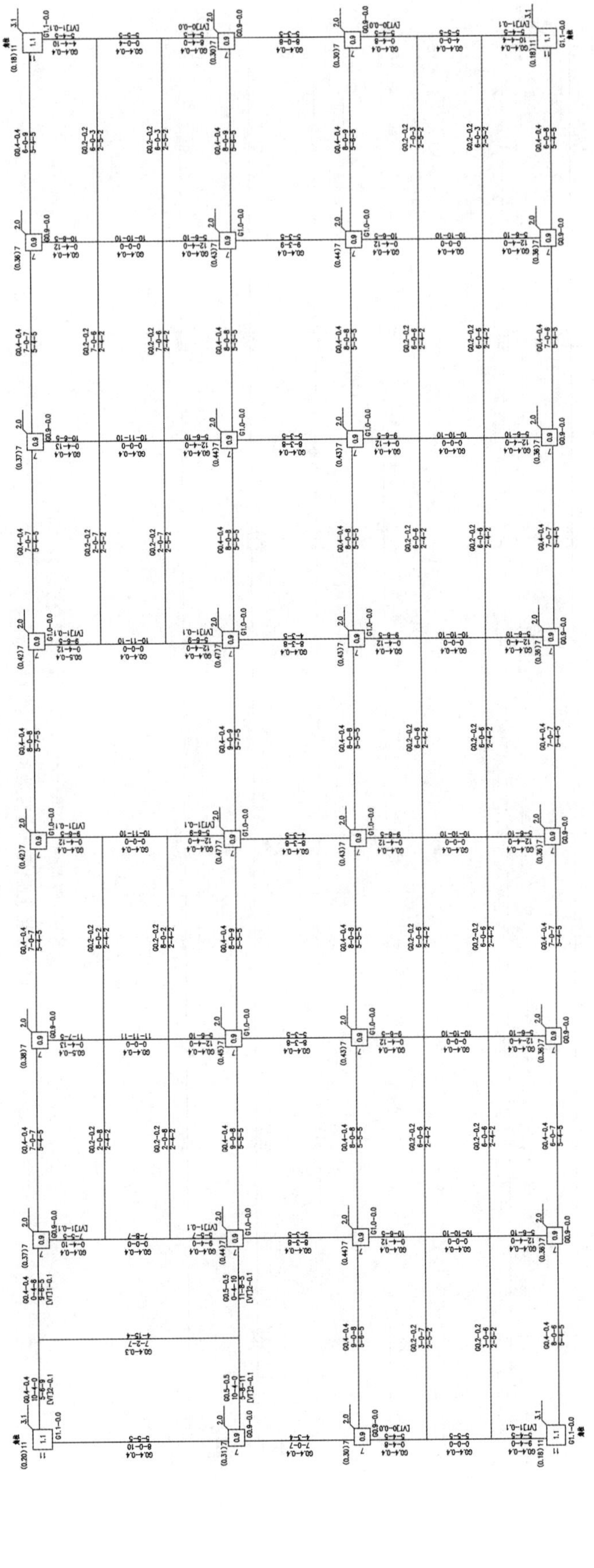

说 明 :

（1）本层：层高＝3300（mm）；梁总数＝52；柱总数＝32。

（2）混凝土强度等级：梁 Cb＝30；柱 Cc＝30。

附图1-6　第3层混凝土构件配筋及钢构件应力比简图（单位：cm×cm）

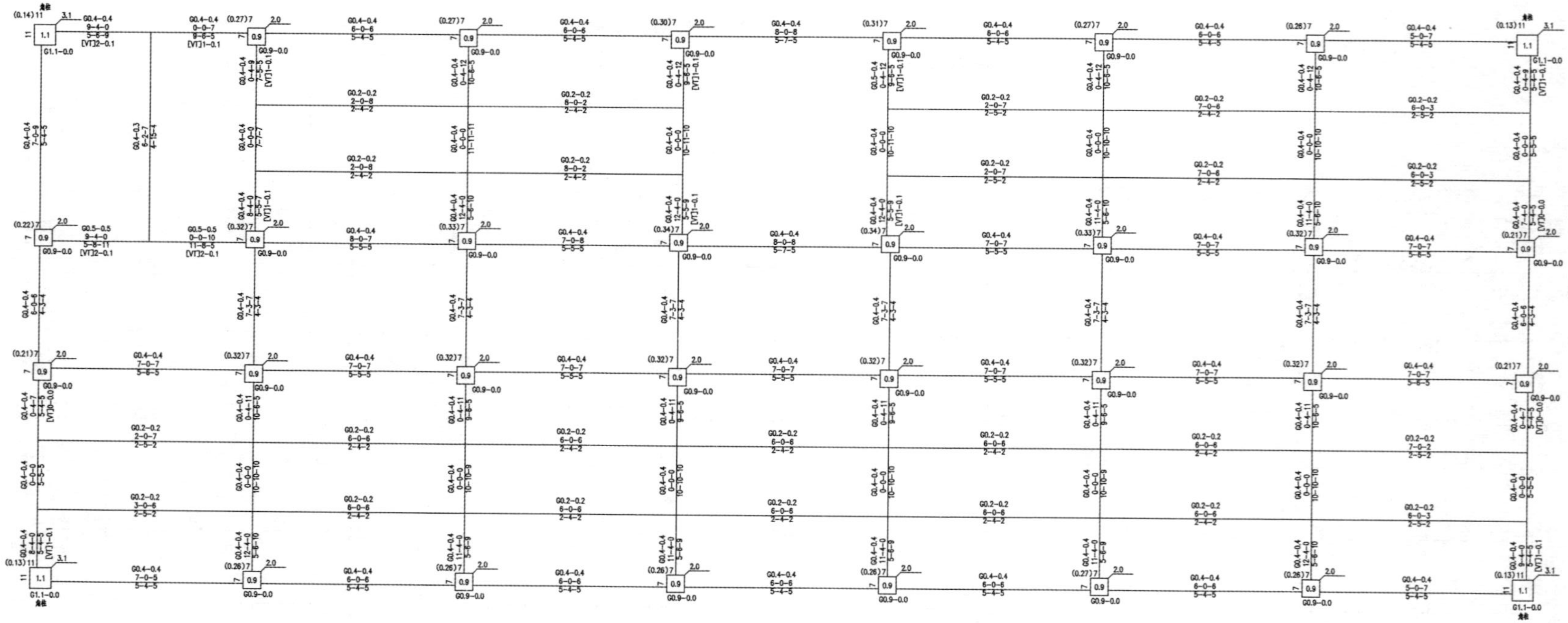

说明：

(1)本层：层高=3300(mm)；梁总数=52；柱总数=32。

(2)混凝土强度等级：梁 Cb=30；柱 Cc=30。

附图 1-7　第 4 层混凝土构件配筋及钢构件应力比简图 (单位 :cm×cm)

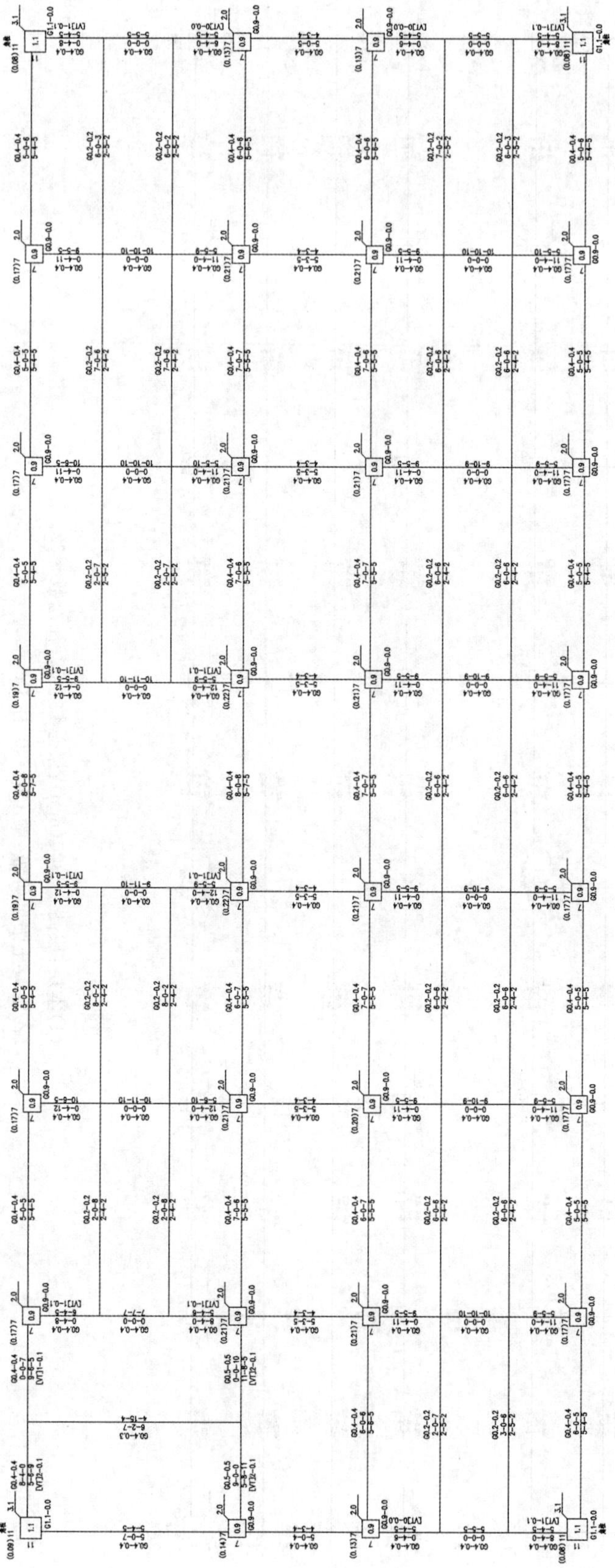

说明：

(1)本层：层高＝3300(mm)；梁总数＝52；柱总数＝32。

(2)混凝土强度等级：梁 Cb＝30；柱 Cc＝30。

附图 1-8　第 5 层混凝土构件配筋及钢构件应力比简图(单位：cm×cm)

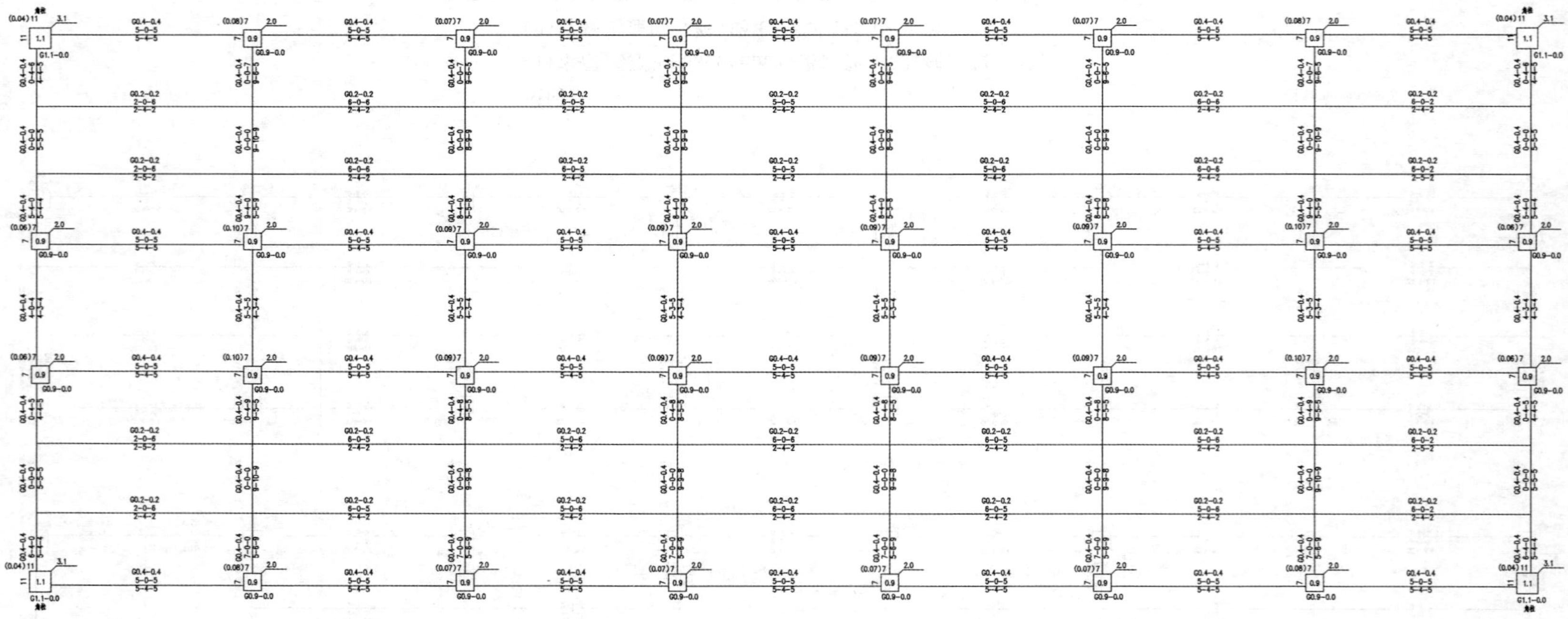

说明：

(1) 本层：层高＝3300（mm）；梁总数＝52；柱总数＝32。

(2) 混凝土强度等级：梁 Cb＝30；柱 Cc＝30。

附图 1-9　第 6 层混凝土构件配筋及钢构件应力比简图（单位：cm×cm）

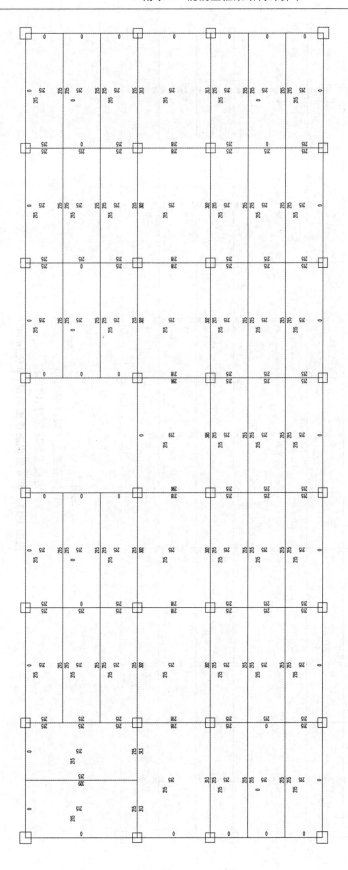

说明：

(1)钢筋强度等级：HRB400。

(2)混凝土强度等级：C30。

附图 1-10　第 1～5 层现浇板面积图(单位：mm²)

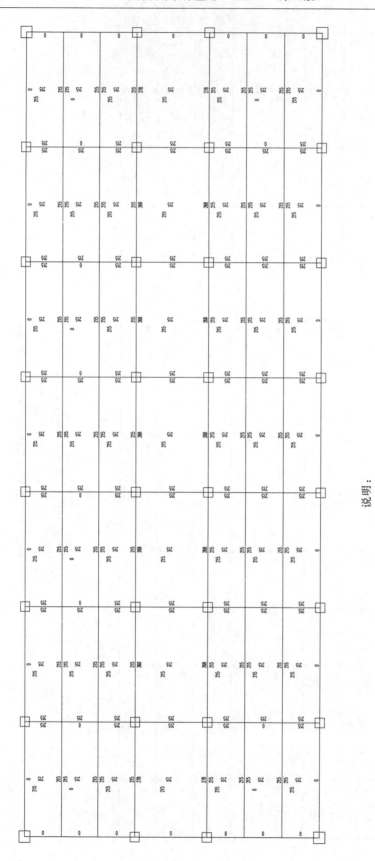

说明：
（1）钢筋强度等级：HRB400。
（2）混凝土强度等级：C30。

附图 1-11　第 6 层现浇板面积图（单位：mm²）

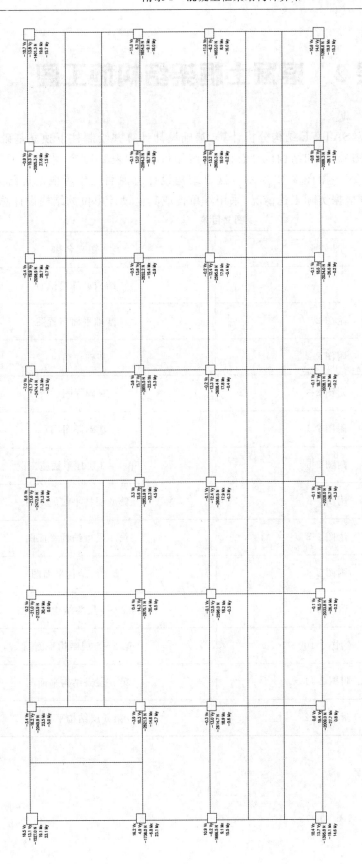

附图 1-12　底层柱、墙内力（恒载、活载基本组合）简图

附录2　混凝土框架结构施工图

　　本工程通过结构建模,SATWE结构分析计算,基础设计计算并绘制柱下独立基础施工图,将这些零散的图汇总,编写图号、添加结构设计总说明、编制目录(附表2-1)等,才形成了一套完整的工程结构施工图,如附图2-1~附图2-12所示。这里结构设计总说明是作者根据自己的设计经验编写的,仅供参考,用户可根据实际工程情况,采用本单位或其他设计单位的结构设计总说明。

附表2-1

图文目录

序号	图文号	图文名称
1	—	结构设计总说明
2	附图 2-1	基础平面布置图
3	附图 2-2	基础详图(1)
4	附图 2-3	基础详图(2)
5	附图 2-4	基础详图(3)
6	附图 2-5	第 1~5 层柱平法施工图
7	附图 2-6	第 6 层柱平法施工图
8	附图 2-7	第 1 层梁结构平面图
9	附图 2-8	第 1 层结构平面图
10	附图 2-9	第 2~5 层梁结构平面图
11	附图 2-10	第 2~5 层结构平面图
12	附图 2-11	第 6 层梁结构平面图
13	附图 2-12	第 6 层结构平面图

结构设计总说明

一、工程概况

本工程为 6 层现浇框架结构,地上 6 层,无地下室。工程设计的基准期为 50 年,结构的设计使用年限为 50 年。

二、设计依据

1. ××岩土工程勘察设计研究院出具的《××工程岩土工程详细勘察报告书》。

2. 主要设计规范及标准:

《建筑结构可靠性设计统一标准》(GB 50068—2018);

《建筑结构荷载规范》(GB 50009—2012);

《混凝土结构设计规范(2015 年版)》(GB 50010—2010);

《砌体结构设计规范》(GB 50003—2011);

《建筑抗震设计规范(2016 年版)》(GB 50011—2010);

《建筑地基基础设计规范》(GB 50007—2011);

《建筑工程抗震设防分类标准》(GB 50223—2008);

《混凝土结构耐久性设计标准》(GB/T 50476—2019);

《混凝土结构施工图平面整体表示方法制图规则和构造详图》(22G101)。

三、图纸说明

1. 图纸中标高以 m 为单位,其余尺寸均以 mm 为单位。

2. 底层室内地面设计标高±0.000 的绝对标高详见总平面图。

3. 本工程除说明或图纸中另有要求外,混凝土梁、柱配筋应符合《混凝土结构施工图平面整体表示方法制图规则和构造详图》(22G101)。

四、主要荷载取值

1. 基本风压:0.40kN/m²。

2. 设计基本地震加速度 0.10g,设计地震分组为第一组。建筑场地类别为Ⅱ类,设计特征周期值为 0.35s。建筑抗震设防类别为丙类,按 7 度抗震设防。

3. 屋面活荷载:0.5kN/m²。

4. 楼面活荷载:2.0kN/m²。

5. 楼梯间活荷载:3.5kN/m²。

6. 卫生间活荷载:2.5kN/m²。

7. 本工程结构设计、计算、绘图均采用 PKPM(2021 版)结构系列软件。

8. 本工程上部结构混凝土环境类别为一类,卫生间、挡土墙及基础工程环境类别为二(a)类,屋面混凝土板采用的环境类别为二(b)类。

五、主要结构材料

1. 基础垫层采用 C15 强度等级的素混凝土,柱下独立基础和基础梁及框架梁、柱、楼梯、楼板、屋面板等所有现浇混凝土构件均采用 C30 强度等级的混凝土;所有填充墙内过梁及构造柱、圈梁均采用 C25 强度等级的混凝土。

2. 本工程除现浇混凝土结构构件外所有墙体均为填充墙。

六、基础工程

1. 由××岩土工程勘察设计研究院出具的《××工程岩土工程详细勘察报告书》可知工程地质情况,详见附表 2-2。

附表 2-2　　　　　　　　××工程地质情况

指标土层名称	承载力特征值 f_{ak}/kPa	压缩模量 E_s/kPa	内摩擦角 φ/(°)	黏聚力 c/kPa
杂填土①	结构松散,尚未完成自重固结			
黏土②	180	7.5	19	30
黏土③	200	8	20	35

2. 基坑开挖后应采取可靠的支护措施,保证施工及相邻建筑物的安全。施工期间应采取有效的防水、排水措施,并尽量缩短地基土的暴露时间。

3. 基础落在黏土②土层上,地基承载力特征值为 180kPa。

4. 基槽开挖后应钎探并验槽,如遇异常地质情况,应及时通知勘察、监理及设计单位协商处理。

5. 基坑用原土分层回填夯实,压实系数不小于 0.95。

七、混凝土工程

1. 普通梁上板的底部钢筋伸入支座 ≥5d(d 为下部纵向受力钢筋的直径)且不小于 120mm,并应伸至梁中线,当为 HPB300 级钢筋时,端部另设弯钩。

2. 各板角负筋、纵横两向必须重叠设置成网格状。

3. 板、梁上下应注意预留构造柱插筋或联结用的埋件。

4. 基础、柱内钢筋应做防雷接地极引线,其数量、位置及做法均见电气施工图,应可靠焊接。

八、其他

1. 施工期间不得超负荷堆放建材和施工垃圾,特别注意梁板上集中负荷时对结构受力和变形的不利影响。

2. 本图未作要求部分,须严格按照国家现行设计、施工及安装工程规程规范的要求进行施工。

3. 本房屋未经技术鉴定或设计许可,不得改变结构用途和使用环境。

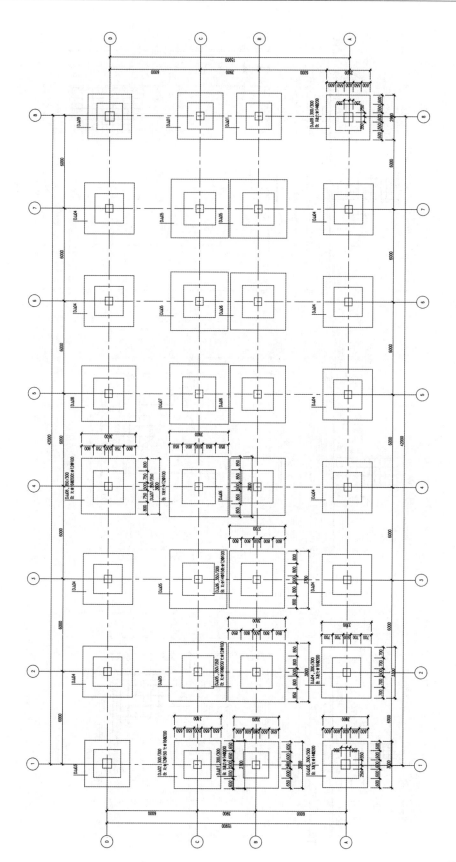

说明：

(1) 与本图标注相关钢筋构造详图参见国家建筑标准设计图集 22G101-3。

(2) 独基底面标高除单独标注外均为 −1.500m。

附图 2-1　基础平面布置图

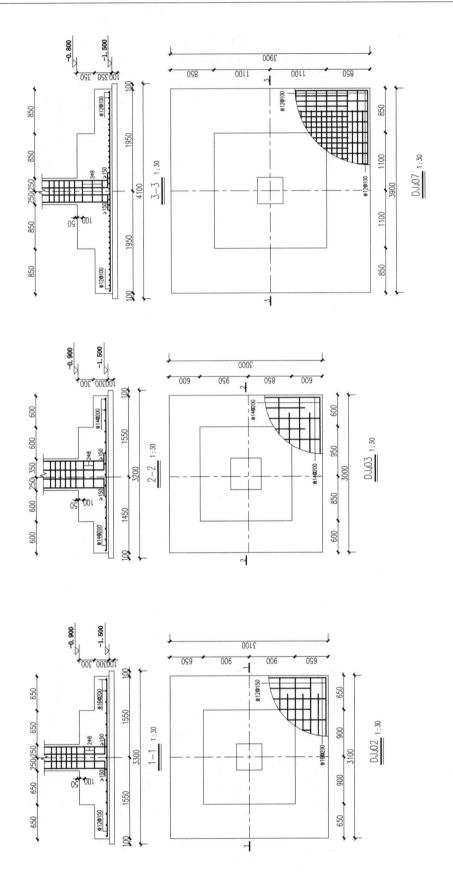

附图 2-2　基础详图（1）

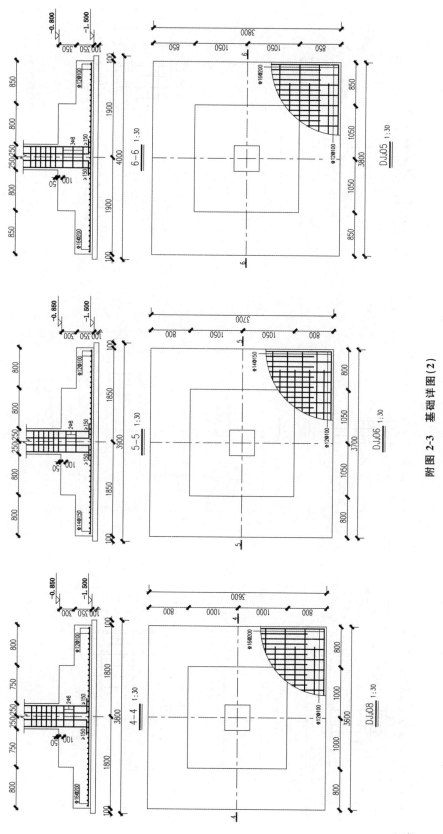

附图 2-3 基础详图 (2)

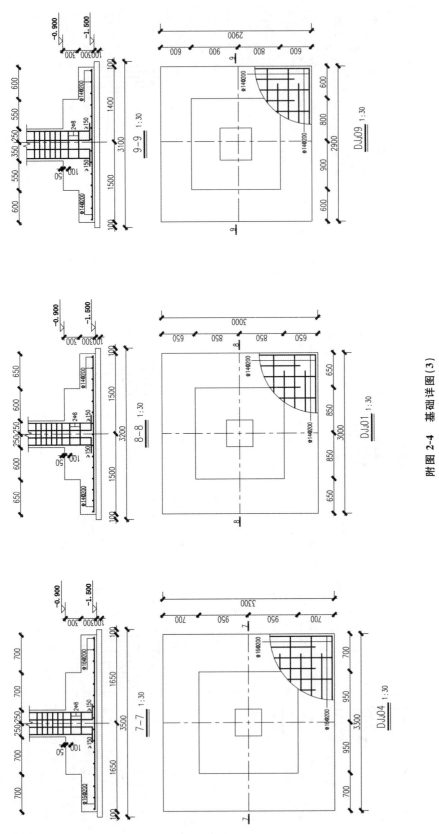

附图 2-4 基础详图(3)

附录 2　混凝土框架结构施工图

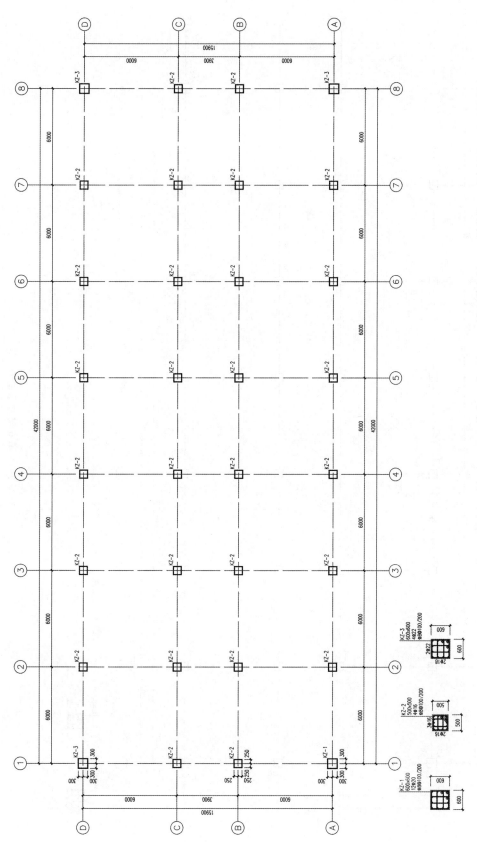

附图 2-5　第 1～5 层柱平法施工图

— 149 —

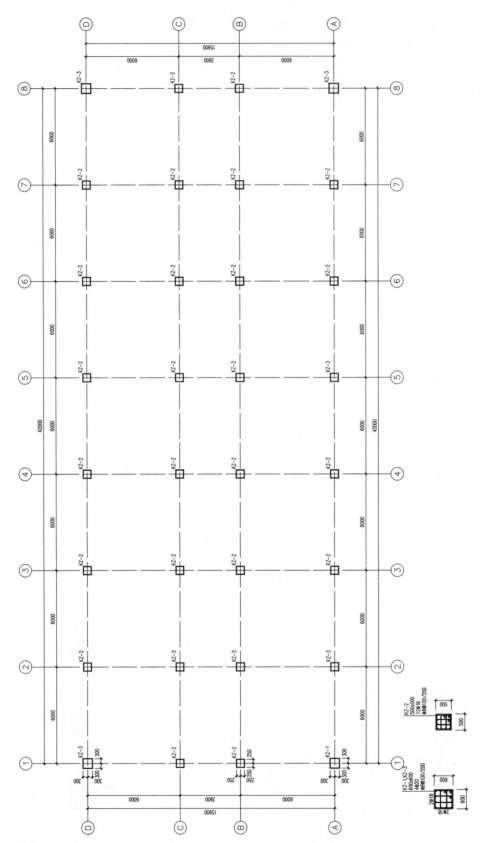

附图 2-6　第 6 层柱平法施工图

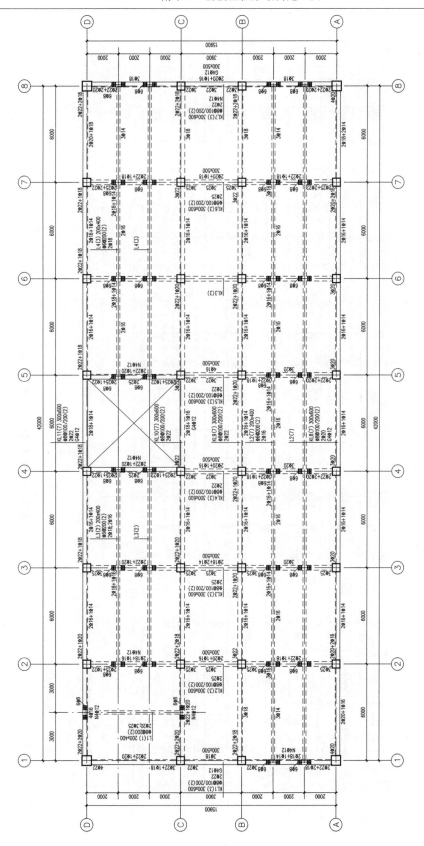

附图 2-7　第 1 层梁结构平面图

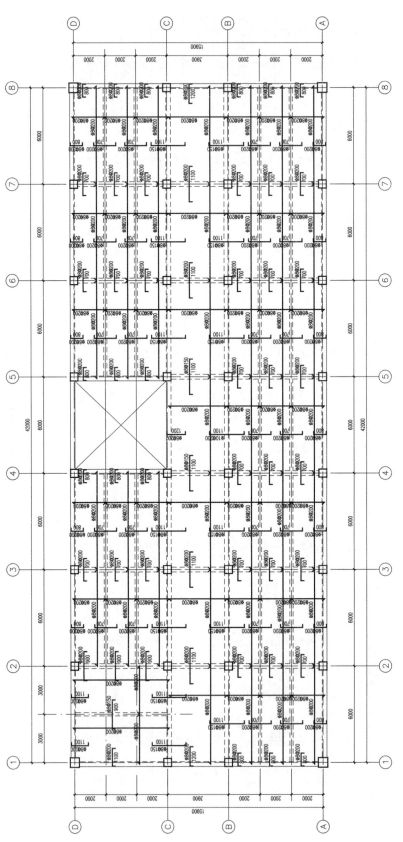

附图 2-8　第 1 层结构平面图

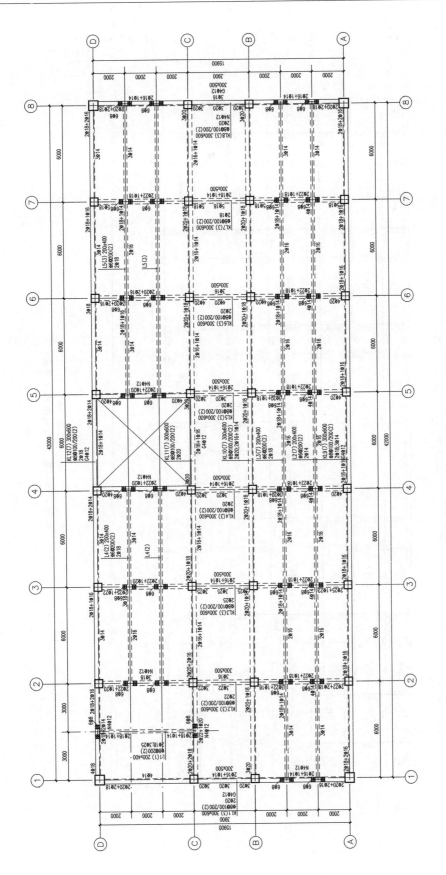

附图 2-9　第 2～5 层梁结构平面图

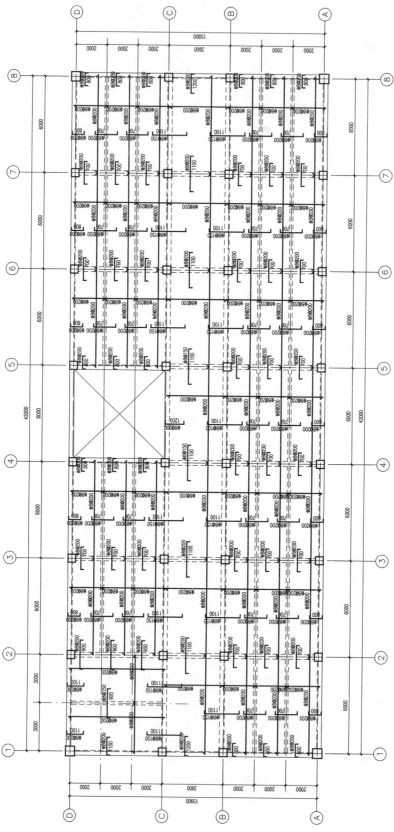

附图 2-10　第 2～5 层结构平面图

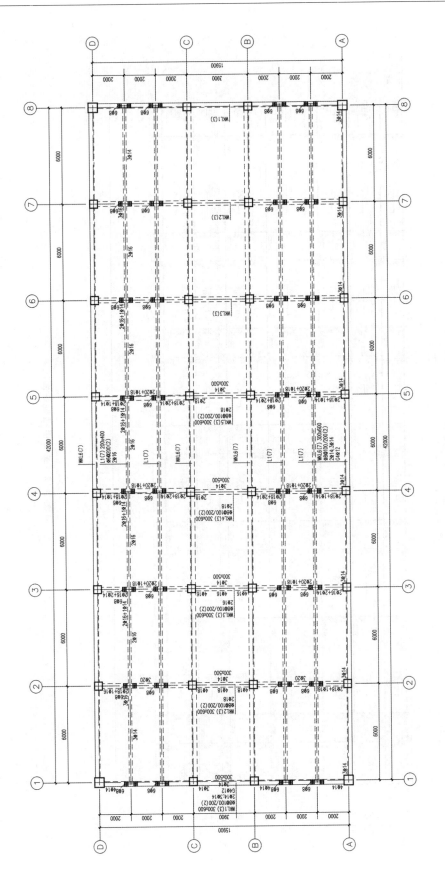

附图 2-11 第 6 层梁结构平面图

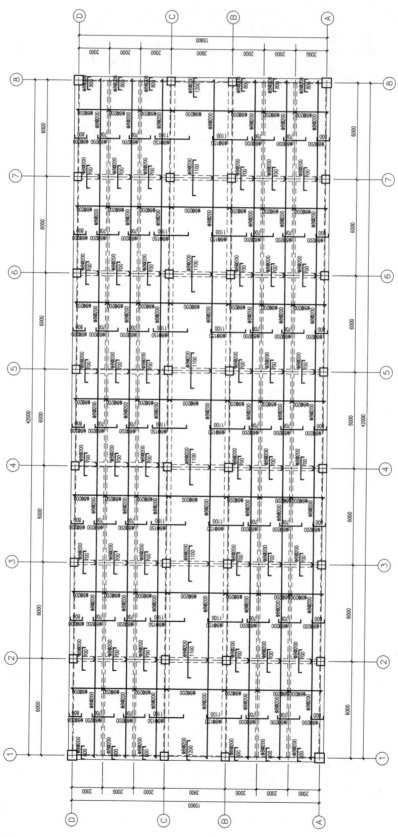

附图 2-12　第 6 层结构平面图

附录 3　我国主要城镇抗震设防烈度、设计基本地震加速度和设计地震分组

附录 4　全国部分地方的风压

参考文献

[1] 中华人民共和国住房和城乡建设部,国家市场监督管理总局.建筑结构可靠性设计统一标准:GB 50068—2018[S].北京:中国建筑工业出版社,2019.

[2] 中华人民共和国住房和城乡建设部,中华人民共和国国家质量监督检验检疫总局.建筑工程抗震设防分类标准:GB 50223—2008[S].北京:中国建筑工业出版社,2008.

[3] 中华人民共和国住房和城乡建设部,中华人民共和国国家质量监督检验检疫总局.建筑结构荷载规范:GB 50009—2012[S].北京:中国建筑工业出版社,2012.

[4] 中华人民共和国住房和城乡建设部,中华人民共和国国家质量监督检验检疫总局.混凝土结构设计规范(2015年版):GB 50010—2010[S].北京:中国建筑工业出版社,2016.

[5] 中华人民共和国住房和城乡建设部,中华人民共和国国家质量监督检验检疫总局.建筑抗震设计规范(2016年版):GB 50011—2010[S].北京:中国建筑工业出版社,2016.

[6] 中华人民共和国住房和城乡建设部,中华人民共和国国家质量监督检验检疫总局.建筑地基基础设计规范:GB 50007—2011[S].北京:中国建筑工业出版社,2012.

[7] 中华人民共和国住房和城乡建设部.高层建筑混凝土结构技术规程:JGJ 3—2010[S].北京:中国建筑工业出版社,2011.

[8] 中华人民共和国住房和城乡建设部,中华人民共和国国家质量监督检验检疫总局.砌体结构设计规范:GB 50003—2011[S].北京:中国建筑工业出版社,2012.

[9] 中国建筑标准设计研究院.混凝土结构施工图平面整体表示方法制图规则和构造详图(现浇混凝土框架、剪力墙、梁、板):22G101—1[S].北京:中国计划出版社,2022.

[10] 中国建筑标准设计研究院.混凝土结构施工图平面整体表示方法制图规则和构造详图(现浇混凝土板式楼梯):22G101—2[S].北京:中国计划出版社,2022.

[11] 中国建筑标准设计研究院.混凝土结构施工图平面整体表示方法制图规则和构造详图(独立基础、条形基础、筏形基础、桩基础):22G101—3[S].北京:中国计划出版社,2022.

[12] 中国建筑科学研究院 PKPM CAD 工程部.结构建模结构平面 CAD 软件用户手册[Z].2018.

[13] 中国建筑科学研究院 PKPM CAD 工程部.SATWE 多层及高层建筑结构空间有限元分析与设计软件(墙元模型)用户手册[Z].2018.

[14] 中国建筑科学研究院 PKPM CAD 工程部.结构施工图设计(梁、板、柱及墙)用户手册[Z].2018.

[15] 中国建筑科学研究院 PKPM CAD 工程部.基础设计独基、条基、钢筋混凝土地基梁、桩基础和筏板基础设计软件用户手册[Z].2018.

[16] 中国建筑科学研究院 PKPM CAD 工程部.楼梯设计普通楼梯及异型楼梯 CAD 软件用户手册[Z].2018.

[17] 杨星.PKPM结构软件从入门到精通[M].北京:中国建筑工业出版社,2008.

[18] 李星荣,张守斌.PKPM结构系列软件应用与设计实例[M].北京:机械工业出版社,2007.

[19] 周俐俐.多层钢筋混凝土框架结构设计实例详解——手算与 PKPM 应用[M].北京:中国水利水电出版社,2008.

[20] 陈岱林,赵兵,刘民易.PKPM 结构 CAD 软件问题解惑及工程应用实例解析[M].北京:中国建筑工业出版社,2008.

[21] 李永康,马国祝.PKPM2010 结构 CAD 软件应用与结构设计实例[M].北京:机械工业出版社,2012.

[22] 张宇鑫,刘海成,张星源.PKPM 结构设计应用[M].上海:同济大学出版社,2006.

[23] 刘林,金新阳.PKPM 软件混凝土结构设计入门[M].北京:中国建筑工业出版社,2009.